高职高专土木与建筑规划教材

建筑设备安装识图与施工

王　斌　主　编
李　君　副主编

清华大学出版社
北　京

内 容 简 介

本书结合高职高专院校课程改革精神，吸取传统教材的优点，充分考虑高职高专院校就业实际情况，以项目实际情况、任务导向的思路编写，并注意理论教学与实践教学的搭配比例，结合目前教学课时减少的趋势适当地调整了篇幅，根据教学大纲、学时、教学内容的要求，突出重点、难点，体现了建设"立体化"精品教材的宗旨。

本书内容实用全面，注重岗位技能和应用知识的传授，符合当今高职教育的要求。本书包括绪论、建筑给水排水系统、建筑消防系统、建筑热水系统、建筑供暖系统、通风和空气调节系统、燃气供应系统、建筑电气系统、安全用电与建筑防雷、智能建筑弱电系统等内容，可以培养读者建筑设备安装识图的识图能力和对建筑设备安装施工的驾驭能力。

本书可作为各高职高专院校建筑类工程相关专业学员和建筑业建筑设备安装从业人员学习的教材，亦可作为各省建设、设计、施工、招标、审计和监理等系统成人教育培训教材及高职高专院校教师的参考教材。

图书在版编目(CIP)数据

建筑设备安装识图与施工/王斌主编. —北京：清华大学出版社，2020.3（2020.8重印）
高职高专土木与建筑规划教材
ISBN 978-7-302-54759-4

Ⅰ．①建…　Ⅱ．①王…　Ⅲ．①房屋建筑设备—建筑安装—建筑制图—识图—高等职业教育—教材
②房屋建筑设备—建筑安装—工程施工—高等职业教育—教材　Ⅳ．①TU204.21 ②TU8

中国版本图书馆 CIP 数据核字(2020)第 013284 号

责任编辑：石　伟
装帧设计：刘孝琼
责任校对：王明明
责任印制：刘海龙

出版发行：清华大学出版社
　　　　　网　　　址：http://www.tup.com.cn, http://www.wqbook.com
　　　　　地　　　址：北京清华大学学研大厦 A 座　　邮　　编：100084
　　　　　社 总 机：010-62770175　　　　　　　　邮　　购：010-62786544
　　　　　投稿与读者服务：010-62776969, c-service@tup.tsinghua.edu.cn
　　　　　质量反馈：010-62772015, zhiliang@tup.tsinghua.edu.cn
　　　　　课件下载：http://www.tup.com.cn, 010-62791865
印 装 者：三河市国英印务有限公司
经　　销：全国新华书店
开　　本：185mm×260mm　　　印　张：13　　　字　数：313 千字
版　　次：2020 年 4 月第 1 版　　　　　　　印　次：2020 年 8 月第 2 次印刷
定　　价：39.00 元

产品编号：082254-01

前　言

随着高职高专教学改革的不断深入，土建行业工程技术日新月异，相应的国家标准和规范，行业、企业标准和规范不断更新，作为课程内容载体的教材也必然要顺应教学改革和新形势的变化，适应行业的发展变化。

本书以《高等职业教育工程土建类人才教育标准和培养方案》为指导，以培养较强的实践能力、高素质的应用型、技术技能型人才为导向，根据实践为主、理论为辅的原则，对建筑设备各方面的内容进行了较为详尽的介绍，且在编写时注重基本理论知识与工程实际应用的结合，循序渐进，以各设备系统的共性和承启关系为主线，结合大量的图例，并辅以各系统实际施工图的识读，以便于读者更好地理解和掌握相关知识内容。

为了能更好地丰富学生的学习内容并激发学生的学习兴趣，本书每章均添加了大量针对不同知识点的案例，结合案例和上下文可以帮助学生更好地理解所学内容，同时配有实训练习，让学生及时达到学以致用的目的。

本书与同类书相比具有以下显著特点。

(1) 新，穿插案例，清晰明了，形式独特。

(2) 全，知识点分门别类，包含全面，由浅入深，便于学习。

(3) 系统，知识讲解前呼后应，结构清晰，层次分明。

(4) 实用，理论和实际相结合，举一反三，学以致用。

(5) 赠送：除了必备的电子课件、教案、每章习题答案及模拟测试 AB 试卷外，还相应地配套有大量的讲解音频、动画视频、三维模型、扩展图片等，以扫描二维码的形式再次拓展《建筑设备安装识图与施工》的相关知识点，力求让初学者在学习时最大化地接受新知识，最快、最高效地达到学习目的。

本书由黄河水利职业技术学院王斌担任主编，由开封大学李君担任副主编。参加编写的还有淮阴师范学院董留群，河南五建第三建筑安装有限公司董佳宁，新乡学院土木工程与建筑学院岳学杰，三门峡职业技术学院王毅，北京交通大学田杰芳。其中，王斌负责编写绪论、第 1 章、第 2 章，并对全书进行统稿，董留群负责编写第 3 章，董佳宁负责编写第 4 章、第 5 章的 5.3 与 5.4 节，岳学杰负责编写第 6 章，王毅负责编写第 7 章，田杰芳负责编写第 8 章，李君负责编写第 5 章的第 5.1 节与 5.2 节和第 9 章，在此对参与本书编写工作的全体合作者表示衷心的感谢！

本书在编写过程中，得到了许多同行的支持与帮助，在此一并表示感谢。由于编者水平有限，书中难免有疏漏和不妥之处，望广大读者批评指正。

编　者

目 录

教案及试卷答案
获取方式.pdf

建筑设备安装识图与施工　A卷.docx　　　建筑设备安装识图与施工　B卷.docx

绪 论

0.1 建筑设备工程概述

建筑设备是指为了改善人类生活、生产条件与建筑物紧密联系并相辅相成的所有水力、热力和电力设施。建筑设备能够通过由各种机械、部件、组件、管道、电缆及其他多种材料组成的有机系统,消耗一定的能源和物质,实现某种人类需要的功能。这些有机系统大多依附在建筑物上。

通常意义上的建筑设备工程包含水、暖、电三个专业的内容。

建筑设备安装工程是与建筑主体工程相辅相成的重要建设过程,此过程一般可描述为识图——施工。"按图施工"成为建筑设备安装工程的主要工作方针。建筑设备安装工程施工人员必须要通读相应的施工图,然后完成工程备料、施工组织、选定工作面、工程实施等各项工作。

0.2 建筑设备安装识图与施工课程的主要内容

1. 建筑给水排水系统

建筑给水排水系统主要介绍给水排水系统的组成、常用的给水排水方式、给水排水系统施工图的识读等。

2. 建筑消防系统

建筑消防系统主要介绍消防系统的基本概念、火灾自动报警系统、防火与排烟系统、消防系统施工图的识读等。

3. 建筑热水系统

建筑热水系统主要介绍热水系统的分类、热水管道的布置与敷设、建筑热水系统的施工工艺等。

4. 通风和空气调节系统

通风和空气调节系统主要介绍通风系统的设备与构建、空气调节系统、建筑通风施工图纸的识读等。

5. 燃气供应系统

燃气供应系统主要介绍城市燃气供应系统、室内燃气供应系统、燃气用具以及燃气供应系统施工图的识读等。

6. 建筑电气系统

建筑电气系统主要介绍建筑物的供配电系统、电气照明系统、低压配电系统的保护装置以及相关设备的安装工艺等。

0.3 建筑设备工程与建筑学、土木工程专业的关系

设置在建筑物内的设备系统，只有与建筑、结构、装修及生产工艺设备等相互协调才能有效地发挥其功能。同时为了提高建筑的整体使用价值，充分突出建筑的特点，必须对其建筑设备予以高度重视，要综合考虑、协调处理建筑设备与建筑布置、建筑装饰、建筑结构诸系统之间的关系，力争使建筑的综合功能达到较高水平。因此在进行建筑设计、施工时，需要密切配合才能使建筑物达到适用、经济、卫生及舒适的要求，发挥建筑物应有的功能，提高建筑物的工程质量，避免环境污染，高效地发挥建筑物为生产和生活服务的作用。因此，对于建筑装饰专业、室内设计专业、建筑学专业、物业管理专业和其他建筑类专业的学生来说，学习和掌握建筑设备的基本知识是至关重要的。

如何合理地综合进行建筑设备工程的设计，保证建筑物的使用质量，不仅与建筑设计、结构设计、施工方法等有着密切的关系，而且在生产、经济、人民生活等方面都具有重要的意义。在建筑设计过程中，建筑设备设计与建筑、结构设计之间，应进行充分的协商。建筑、结构设计者，应当了解建筑设备的系统构造、特点，了解在不同的建筑环境中建筑设备所采用的不同处理方式。

目前，我国大多数建筑设备及管道的造型、颜色都不太美观，往往与建筑装饰的要求相矛盾。因此，通常采用的方法是让设备暗装，管道置于集中的管道井中或用吊顶将其遮盖起来。在确定机房面积、管井尺寸和吊顶高度时，要求装饰设计者应对设备的外形尺寸、安装高度、坡度尺寸、风管、水管的连接方式和断面尺寸等，在尺度上有较为准确的把握，使机房、管井平面位置合理，符合系统工艺流程；所留的空间，能满足设备、管道的安装要求。吊顶的高度与形式，主要受通风空调系统风管尺寸、气流组织形式，送、回风口布置及其样式的影响。采用顶送和侧送时，吊顶的形式会有所变化。在房间的同一吊顶上，往往同时布置送风口或者排风口、照明灯具、消防喷淋头、烟感器、音响等多种设备，需要各专业人员互相协调，才能避免冲突和矛盾，以满足各专业的工艺要求。同时，建筑设备的选用也应尽量与建筑装饰的要求保持一致。

建筑照明与装饰关系密切，可以认为建筑照明是建筑装饰工作的一部分。建筑照明能利用灯光的多种色调、亮度的强弱、不同的空间位置、多样化的灯具造型、现代控制技术等，创造出变化多端、丰富多彩、令人赏心悦目的装饰效果。因此，建筑照明方案应当与装饰方案一起确定。

0.4　建筑设备技术的发展

随着我国各种类型工业企业的不断建立、城镇各类民用建筑的兴建、人民生活居住条件的逐步改善、基本建设工业化施工的迅速发展,建筑设备工程技术水平正在不断提高。同时,由于近代科学技术的发展,各门学科相互渗透和相互影响,建筑设备技术也受到交叉学科发展的影响而日新月异。

现代建筑设备工程技术的发展,有以下几个方面值得我们认真研究和采用。

(1) 新材料、新品种的快速发展,在建筑设备中引起了许多技术改革。例如,由于各种聚合材料具有重量轻、耐腐蚀、电气性能好等优点,因此在建筑设备工程中凡是不受高温高压影响的各种管材、配件、给水器材、卫生器具、配电器材等,国外大都以之代替各种金属材料;又如,钢和铝的新品种和新规格轧材的应用,使许多设备的使用寿命得以延长,从而不仅保证了设备的使用质量,而且节约了金属材料的使用,节省了施工的费用。

(2) 新型设备的不断出现,使建筑设备工程向着更加节约和高效的方向发展。利用真空排除污水的特制便器,节约了大量冲洗用水;在高层建筑中广泛采用水锤消除器,有效地减少了管道的噪声。各种设备正朝着体积小、重量轻、噪声低、效率高、整体式的方向发展。

(3) 新能源的利用和电子技术的应用,使建筑设备工程技术不断更新。各种系统由于集中化控制自动化而提高了效率,节约了费用,创造了更好的卫生环境,为建筑设备工程技术的发展开辟了广阔的领域。例如,国外采用的被动式太阳能采暖及降温装置,为采暖、通风、空调技术提供了新型冷源和热源;使用程序控制装置调节建筑物通风空调系统,使建筑物通风量随着气象参数而自动调节,保证了室内的卫生与舒适条件;使用自动温度调节器,可以保证室内采暖及空调的设计温度并节约能源;利用电子控制设备或敏感器件,可以控制卫生设备的冲洗次数,达到节约水量的效果;电气照明光源(如氙灯、卤化物灯、节能灯等)的发展,使灯的亮度、光色及使用寿命得到不断改善和提高。

第 1 章　建筑给水排水系统

【教学目标】

1. 了解建筑给水排水系统的分类与组成。
2. 熟悉常用的建筑给水方式。
3. 掌握建筑给水排水施工图的识读。
4. 掌握建筑给水排水系统施工工艺。

第 1 章.pptx

【教学要求】

本章要点	掌握层次	相关知识点
建筑给水系统	1. 了解建筑给水系统的分类 2. 了解建筑给水系统的组成 3. 掌握建筑给水的方式 4. 熟悉常用的给水管材	1. 建筑给水系统的分类与组成 2. 选择给水方式的原则 3. 常用的给水管材
建筑排水系统	1. 了解建筑排水系统的分类 2. 了解建筑排水系统的组成 3. 掌握屋面雨水排水系统	1. 建筑排水系统的分类与组成 2. 雨水内排、外排系统
建筑给水排水施工图的识读	1. 了解给排水制图的一般规定 2. 掌握给排水施工图的识读方法 3. 熟悉室内给排水施工图的识读	1. 给排水施工图的分类与组成 2. 给排水制图的有关图例 3. 识图的方法

【案例导入】

　　某小区居民楼，地下一层、地上 10 层、楼高 41.5m。居民每天都需要饮用水、洗浴用水，居民打开水龙头，水就会以一定的速度流出。

【问题导入】

　　请根据以上案例，思考居民楼应采用哪种供水方式，输水的管材应达到哪些要求，供水过程中需要哪些设备？

1.1 建筑给水系统

1.1.1 建筑给水系统的分类

按用途不同，建筑给水系统可分为生活给水系统、生产给水系统和消防给水系统。

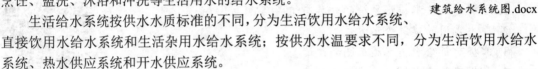

建筑给水系统图.docx

1. 生活给水系统

生活给水系统是指为居住建筑、公共建筑与工业建筑提供饮用、烹饪、盥洗、沐浴和冲洗等生活用水的给水系统。

生活给水系统按供水水质标准的不同，分为生活饮用水给水系统、直接饮用水给水系统和生活杂用水给水系统；按供水水温要求不同，分为生活饮用水给水系统、热水供应系统和开水供应系统。

生活饮用水是指供生鲜食品的洗涤、烹饪以及盥洗、沐浴、家具擦洗、地面冲洗使用的水。生活饮用水给水系统的水质应符合现行国家标准《生活饮用水卫生标准》(GB 5749—2006)的要求。

生活杂用水是指供便器冲洗、绿化浇水、室内车库地面和室外地面冲洗使用的水，应符合现行行业标准《城市污水再生利用 城市杂用水水质》(GB/T 18920—2002)的要求。

2. 生产给水系统

生产给水系统是指直接供给工业生产的给水系统，包括各类不同产品生产过程中所需的工艺用水、生产设备的冷却用水、锅炉用水等。

生产用水的水质、水量、水压及安全性随工艺要求的不同而有较大的差异。目前对生产给水的定义范围有所扩大，城市自来水公司将带有经营性质的商业用水也称作生产用水，实际上将水资源作为水工业的原料，相应地提高生产用水的费用，这对于保护和合理利用水资源、限制对水资源的浪费具有重要意义。

3. 消防给水系统

消防给水系统是指以水作为灭火剂供消防扑救建筑内部、居住小区、工矿企业或城镇火灾时用水的设施。

消防给水系统按消防给水系统中的水压高低，分为高压消防给水系统、临时高压消防给水系统和低压消防给水系统；按作用类别不同，分为消火栓给水系统、自动喷水灭火系统和泡沫消防灭火系统；按设施固定与否，分为固定式消防设施、半固定式消防设施和移动式消防设施。

上述三类基本给水系统在建筑内部一般都独立设置。

在建筑小区，也可以根据各类用水对水质、水量、水压和水温的不同要求，结合给水系统的实际情况，经技术经济比较，或兼顾社会、经济、技术、环境等因素，设置成组合各异的共用系统。例如生活、生产共用给水系统，生活、消防共用给水系统，生产、消防共用给水系统，生活、生产、消防共用给水系统。

1.1.2 建筑给水系统的组成

通常情况下，建筑给水系统由水源、引入管、水表节点、给水管道、管道附件、增压和贮水设备以及给水局部处理设施组成，建筑内给水系统的组成如图1-1所示。

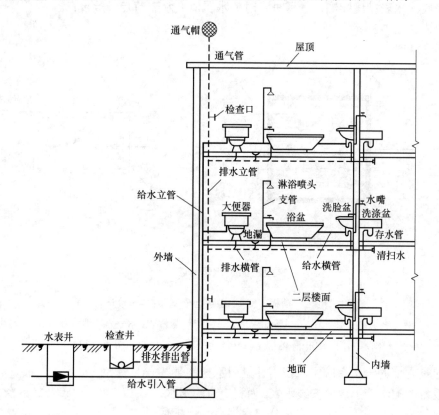

图 1-1 建筑内给水系统的组成

1. 引入管

引入管又称进户管，是室外给水接户管与建筑内部给水干管相连接的管段。引入管一般埋地敷设，穿越建筑物外墙或基础。引入管受地面荷载、冰冻线的影响，一般埋设在室外地坪下0.7m。给水干管一般在室内地坪下0.3～0.5m，引入管进入建筑后立即上返到给水干管埋设深度，以避免多开挖土方，如图1-2所示。

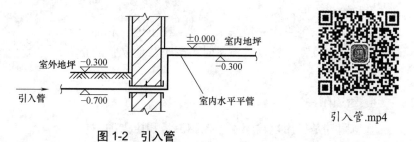

引入管.mp4

图 1-2 引入管

2. 水表节点

水表节点是安装在引入管上的水表及其前后设置的阀门和泄水装置的总称。水表用于计量建筑物的总用水量，水表前后设置的阀门用于检修拆换水表时关闭管路，泄水口用于检修时排泄掉室内管道系统中的水，也可用来检测水表精度和测定管道进户时的水压值。水表节点一般设在水表井中，如图1-3所示。

水表节点.mp4

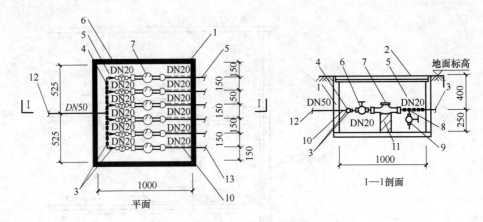

图1-3 水表节点

1—井体；2—盖板；3—上游组合分支器；4—接户管；

5—分支户管；6—分户截止阀；7—分户计量水表；8—分户泄水管；

9—分户泄水阀门；10—保温层；11—固定支座；12—给水节点；13—出水节点

在建筑内部的给水系统中，在需计量用水量的某些部位和设备的配水管上也要安装水表。为利于节约用水，居住建筑每户的给水管上均应安装分户水表。为保护住户的私密性和便于抄表，分户水表宜设在户外。

3. 给水管道系统

给水管道系统.mp4

给水管道系统是指为建筑物内部提供用水的管道系统，由给水管、管件及管道附件组成。按所处位置和作用的不同，给水管分为给水干管、给水立管和给水支管，如图1-4所示。

从给水干管每引出一根给水立管，在出地面后都应设一个阀门，以便对该立管检修时不影响其他立管的正常供水。

4. 管道附件

管道附件是指用以输配水、控制流量和压力的附属部件与装置。在建筑给水系统中，按用途可以分为配水

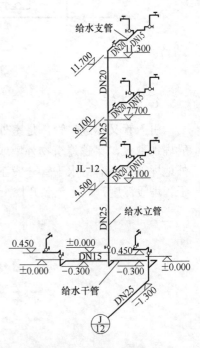

图1-4 室内给水管道系统

附件和控制附件。

配水附件即配水龙头，又称水嘴、水栓，是向卫生器具或其他用水设备配水的管道附件。

控制附件是管道系统中用于调节水量、水压，控制水流方向，以及关断水流，便于管道、仪表和设备检修的各类阀门。

5. 增压和贮水设备

当室外给水管网的水压、水量不能满足建筑用水的要求，或要求供水压力稳定、确保供水安全可靠时，应根据需要，在给水系统中设置水泵、气压给水设备和水池、水箱等增压和贮水设备。

6. 给水局部处理设施

当有些建筑对给水水质要求很高，超出我国现行生活饮用水卫生标准时，或其他原因造成水质不能满足要求时，需要设给水深处理构筑物和设备来局部进行给水深处理。

7. 消防设备

建筑物内部应按照《建筑设计防火规范》和《高层民用建筑设计防火规范》的规定设置消火栓、自动喷水灭火设备。

1.1.3 建筑给水方式

建筑给水方式是指建筑内部给水系统的供水方案，是根据建筑物的性质、高度、配水点的布置情况以及室内所需水压、室外管网水压和配水量等因素，通过综合评判法决定给水系统的布置形式。

合理的供水方案、应综合工程涉及的各种因素。技术因素：供水可靠性、水质对城市给水系统的影响、节水节能效果、操作管理、自动化程度等；经济因素：基建投资、年经常费用、现值等；社会和环境因素：对建筑立面和城市观瞻的影响、对结构和基础的影响、占地对环境的影响、建设难度和建设周期、抗寒防冻性能、分期建设的灵活性、对使用带来的影响等。在初步确定给水方式时，对层高不超过 3.5m 的民用建筑，给水系统所需的压力 H(自室外地面算起)，可用以下经验法估算：

1 层($n=1$)为 100kPa；2 层($n=2$)为 120kPa；3 层($n=3$)以上每增加 1 层，增加 40kPa(即 $H=120-40\times(n-1)$kPa，其中 $n\geq2$)。

给水方式的基本形式如下。

音频　给水方式的
基本形式.mp3

1. 依靠外网压力给水方式

1) 直接给水方式

利用室外管网压力供水，为最简单、最经济的给水方式，一般单层和层数少的多层建筑采用这种供水方式，如图 1-5 所示。它适用于室外给水管网的水量、水压在一天内均能满足用水要求的建筑。

该给水方式的特点：可充分利用室外管网水压，节约能源，且供水系统简单，投资少，可减少水质受污染的可能性；但室外管网一旦停水，则室内立即断水，供水可靠性差。

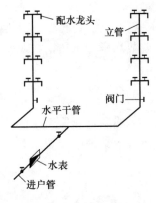

直接给水系统.mp4

图 1-5　直接给水方式

2) 设水箱的给水方式

设水箱的给水方式宜在室外给水管网供水压力周期性不足时采用。如图 1-6(a)所示，低峰用水时，可利用室外给水管网水压直接供水并向水箱进水，水箱贮备水量。高峰用水时，室外给水管网水压不足，则由水箱向建筑给水系统供水。当室外给水管网水压偏高或不稳定时，为保证建筑内给水系统的良好工况或满足稳压供水的要求，可采用设水箱的给水方式。这种供水方式适用于多层建筑，下面几层与室外给水管网直接连接，利用室外管网水压供水，上面几层则靠屋顶水箱调节水量和水压，由水箱供水。

如图 1-6(b)所示，室外给水管网直接将水输入水箱，由水箱向建筑内给水系统供水。这种给水方式的特点是水箱贮备一定量的水，在室外管网压力不足时不会中断室内用水，供水较可靠，且充分利用室外给水管网水压，节省能源，安装和维护简单，投资较少。但需设置高位水箱，增加了结构荷载，给建筑的立面及结构处理带来了一定的难度，若管理不当，水箱的水质容易受到污染。

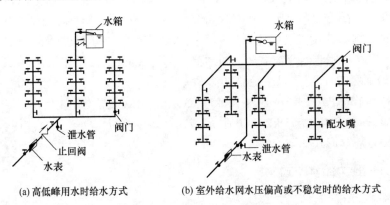

(a) 高低峰用水时给水方式　　　　(b) 室外给水网水压偏高或不稳定时的给水方式

图 1-6　设水箱的给水方式

2. 依靠水泵升压给水方式

依靠水泵升压给水方式宜在室外给水管网的水压经常不足时采用。当建筑内用水量大且较均匀时，可用恒速水泵供水；当建筑内用水不均匀时，宜采用一台或多台水泵变速运行供水，以提高水泵的工作效率。为充分利用室外给水管网压力，节省电能，采用水泵直接从室外给水管网抽水的叠压供水时，应设旁通管，如图1-7(a)所示。当室外管网压力足够大时，可自动开启旁通管的止回阀直接向建筑内供水。因水泵直接从室外管网抽水，会使外网压力降低，影响附近用户用水，严重时还可能造成外网负压，在管道接口不严密时，其周围土壤中的渗漏水会吸入管网，污染水质。当采用水泵直接从室外管网抽水时，必须征得供水部门的同意，并在管道连接处采取必要的防护措施，以免水质污染。为避免上述问题，可在系统中增设贮水池，采用水泵与室外给水管网间接连接的方式，如图1-7(b)所示。

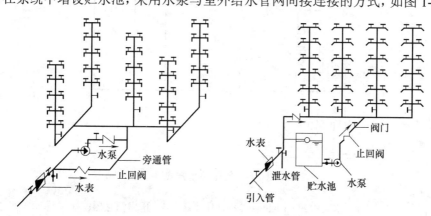

(a) 水泵与室外管网直接连接(设旁通道)方式 　　　　(b) 水泵与室外管网间接连接方式

图1-7　依靠水泵升压给水方式

这种依靠水泵升压给水方式避免了水泵直接从室外管网抽水的缺点，城市管网的水经自动启闭的浮球阀充入贮水池，然后经水泵加压后再送往室内管网。

当室内用水量不均匀时，经常采用变频调速水泵，这种水泵的构造与恒速水泵一样也是离心式水泵，不同的是配用变速配电装置，其转速可随时调节。由离心式水泵的工作特性可知，水泵的流量、扬程和功率分别和水泵转速的一次方、二次方和三次方成正比。因此，调节水泵的转速可改变水泵的流量、扬程和功率，使水泵的出水量随时与管网的用水量相一致，对于不同的流量都可以处于较高效率范围内运行，以节约电能。

控制变频调速水泵的运行需要一套自动控制装置，在高层建筑供水系统中，常采取水泵出水管处压力恒定的方式来控制变频调速水泵。其原理是：在水泵的出水管上装设压力检出传送器，将此压力值信号输入压力控制器，并与压力控制器内原先给定的压力值相比较，根据比较的差值信号来调节水泵的转速。

这种方式一般适用于生产车间、住宅楼或者居住小区集中加压供水系统、水泵开停采用自动控制或采用变速电机带动水泵的建筑物内。

3. 气压给水方式

气压给水方式即在给水系统中设置气压给水设备，利用该设备的气压水罐内气体的可压缩性，升压供水。气压水罐的作用相当于高位水箱，但其位置可根据需要设置在高处或低处。该给水方式宜在室外给水管网压力低于或经常不能满足建筑内给水管网所需水压，室内用水不均匀，且宜设置高位水箱时采用，如图1-8所示。

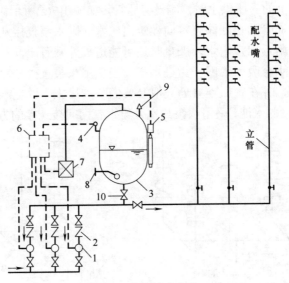

图 1-8　气压给水方式

1—水泵；2—止回阀；3—气压水罐；4—压力信号器；

5—液位信号器；6—控制器；7—补气装置；

8—排气阀；9—安全阀；10—阀门

气压给水装置可分为变压式和定压式两种。

1) 变压式

当用水量需求小于水泵出水量时，被压缩而增压，直至高限(相当于最高水位)时，压力继电器会指令自动停泵。罐内水表面上的压缩空气压力将水输送至用户。当罐内水位下降至设计最低水位时，因罐内空气膨胀而减压，压力继电器又会指令自动开泵。罐内的水压是与压缩空气的体积成反比而变化的，故称变压式。它常用于中小型给水工程，可不设空气压缩机(在小型工程中，气和水可合用一罐)，设备较定压式简单，但因压力有波动，因此对保证用户用水的舒适性和泵的高效运行均是不利的。

2) 定压式

当用户用水，水罐内水位下降时，空气压缩机即自动向气罐内补气，而气罐中的压缩空气又经自动调压阀(调节气压恒为定值)向水罐内补气。当水位降至设计最低水位时，泵即自动开启向水罐内充水，因此既能保证水泵始终稳定地在高效范围内运行，又能保证管网始终以恒压向用户供水，但需专设空气压缩机，并且启动次数较频繁。

这种给水装置灵活性大，施工安装方便，便于扩建、改建和拆迁，可以设在水泵房内，且设备紧凑，占地面积较小，便于与水泵集中管理，供水可靠，且水在密闭系统中流动不会受污染；但是其调节能力小，经常运行费用高。

地震区建筑和临时性建筑因建筑艺术等要求不宜设高位水箱、水塔的建筑，有隐蔽要求的建筑，都可以采用气压给水装置，但对于压力要求稳定的用户不适宜。

4. 分区给水方式

当室外给水管网的压力只能满足建筑下几层供水要求时，可采用分区给水方式。如图 1-9 所示，室外给水管网水压线以下楼层为低区，由室外管网直接供水，以上楼层为高区，由升压贮水设备供水。可将两区的一根或几根立管相连，在分区处设阀门，以备低区进水管发生故障或外网压力不足时，打开阀门由高区水箱向低区供水。

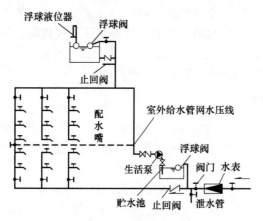

图1-9　分区给水方式

在高层建筑中常见的分区给水方式有水泵并联分区给水方式、水泵串联分区给水方式和减压阀减压分区给水方式。

1) 水泵并联分区给水方式

各给水分区分别设置水泵或调速水泵，各分区水泵采用并联的方式供水，如图 1-10(a)所示。

其优点是供水可靠、设备布置集中，便于维护、管理，水泵效率高，能量消耗较少。其缺点是水泵数量多、扬程各不相同。

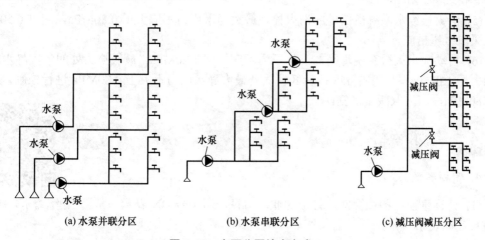

(a) 水泵并联分区　　　　　(b) 水泵串联分区　　　　　(c) 减压阀减压分区

图1-10　水泵分区给水方式

2) 水泵串联分区给水方式

各分区均设置水泵或调速水泵，各分区水泵采用串联的方式供水，如图1-10(b)所示。

其优点是供水可靠，使用效率高，能量消耗较少。其缺点是水泵数量多，设备布置不集中，维护、管理不便。在使用时，水泵启动顺序为自下而上，各区水泵的能力应匹配。

3) 减压阀减压分区给水方式

减压阀减压分区给水方式，如图1-10(c)所示。

其优点是供水可靠，设备与管材少、投资省、设备布置集中、便于维护管理，不占用建筑上层使用面积。其缺点是下区水压损失大，能量消耗多。

我国现行《建筑给水排水设计规范》规定：分区供水的目的不仅是为了防止损坏给水配件，而且可避免过高供水压力造成不必要的浪费。一般规定：卫生器具给水配件承受的最大工作压力不得大于 0.60MPa；高层建筑生活给水系统各分区最低卫生器具配水点处静水压不宜大于 0.45MPa，特殊情况下不宜大于 0.55MPa。

5. 给水方式选择原则

(1) 尽量利用外部给水管网的水压直接供水。在外部给水管网水压和流量不能满足整个建筑物用水要求时，则建筑物下几层应利用外网水压直接供水，上层可设置加压和流量调节装置供水。

(2) 除高层建筑和消防要求较高的大型公共建筑和工业建筑外，一般情况下消防给水系统宜与生活或生产给水系统共用一个系统，但应注意生活给水管道水质不能被污染。

(3) 生活给水系统中，卫生器具处的静压力不得大于 0.60MPa。各分区最低卫生器具配水点静水压不宜大于 0.45MPa(特殊情况下不宜大于 0.55MPa)，水压大于 0.35MPa 的入户管(或配水横管)，宜设减压或调压设施。

一般最低处卫生器具给水配件的静水压力应控制在以下数值范围。

① 旅馆、招待所、宾馆、住宅、医院等晚间有人住宿和停留的建筑，在 0.30～0.35MPa 范围。

② 办公楼、教学楼、商业楼等晚间无人住宿和停留的建筑，在 0.35～0.45MPa 范围。

(4) 生产给水系统的最大静水压力，应根据工艺要求、用水设备、管道材料、管道配件、附件、仪表等工作压力确定。

(5) 消火栓给水系统最低处的消火栓，最大静水压力不应大于 0.80MPa，超过 0.50MPa 时应采取减压措施。

(6) 自动喷水灭火系统管网的工作压力不应大于 1.20MPa，最低喷头处的最大静水压力不应大于 1.0MPa，其竖向分区按最低喷头处最大静水压力不大于 0.80MPa 进行控制，若超过 0.80MPa，应采取减压措施。

1.1.4　给水管材

1. 管材参数

(1) 公称直径：各种管件、管子的通用口径，用符号 DN 表示，常用管道尺寸如表 1-1 所示。

建筑给水管材图.docx

表 1-1　常用公称通径系列标准

公称通径	管螺纹	公称通径	管螺纹
DN(mm)	IN(″)	DN(mm)	IN(″)
15	1/2	70	$2\frac{1}{2}$
20	3/4	80	3

续表

公称通径	管螺纹	公称通径	管螺纹
25	1	100	4
32	$1\frac{1}{4}$	125	5
40	$2\frac{1}{2}$	150	6
50	2	200	8

注：1IN=25.4mm。

(2) 公称压力：制品在基准温度下的耐压强度，用符号 PN 表示。

(3) 试验压力：制品进行强度实验的压力，用符号 PS 表示。

(4) 工作压力：在正常条件下所承受的压力，用符号 P 表示。

2．常用给水管材

室内给排水工程常用的管材根据材质的不同，分为金属和非金属两大类，金属类的有钢管、铸铁管、铜铝复合管，非金属类常见的有塑料管。

1) 钢管

用于给水工程中的钢管主要有焊接钢管和无缝钢管两种。焊接钢管又分镀锌钢管(俗称白铁管)和不镀锌钢管(俗称黑铁管)。钢管的强度高、耐振动、重量较轻、长度大、接头少、管壁光滑、水力条件好；但防腐性差，易生锈蚀，造价较高。

生活给水管、自动喷水灭火系统的消防给水管应采用镀锌钢管或镀锌无缝钢管，并且要求采用热浸镀锌工艺生产的产品，我国在 2000 年禁止使用冷镀锌钢管，只有水流经常流动的管道及对水质没有特殊要求的生产用水或独立的消防系统，才允许采用非镀锌钢管。

2) 铸铁管

铸铁管多用于给水、排水和煤气管道工程中，按性能分为承压铸铁管和排水铸铁管，按材质分为灰口铸铁、球墨铸铁和高硅铁管。其中，给水球墨铸铁管比普通灰口铸铁有较高强度、较好韧性和塑性，能承受较大工作压力(0.45～1.00MPa)；铸铁管耐腐蚀、价格便宜，管内壁除沥青后较光滑，因此在管径大于 70mm 时常用作埋地管，其缺点是性脆、长度小、质量大等。

3) 塑料管

塑料管有良好的化学稳定性，耐腐蚀，不受酸、碱、盐、油类等物质的侵蚀；管壁光滑、水流阻力小；容易切割，还可制成各种颜色，也可代替金属管材以节省金属。为了防止管网水质污染，塑料管的推广使用正在加速进行，并将逐步替代质地较差的金属管。常用的塑料管材有以下几种。

(1) 硬聚氯乙烯管(PVC-U)：按用途分为给水用、排水用和化工用。

(2) 聚乙烯管(PE)：按用途分为燃气用埋地聚乙烯管、软聚氯乙烯管、给水用高密度聚氯乙烯管、给水用低密度聚氯乙烯管、胶聚聚氯乙烯管等。

(3) 聚丙烯管(PP)：主要用作输送水温不超过 95℃的给水管材。

4) 复合管材

常用的复合管材有钢塑复合管、铝塑复合管等。

钢塑复合管是以高密度聚乙烯(HDPE)或交联聚乙烯(PEX)为内、外层，中间为对接焊钢管，各层之间采用热熔胶紧密黏结的新型绿色管材，它兼有钢管强度高和塑料管耐腐蚀性、

保持水质的优点。

铝塑复合管是中间以铝合金为骨架，内、外壁均为聚乙烯等塑料的管道。除具有塑料管的优点外，它还有耐压强度好、耐热、可挠曲、接口少、安装方便、美观等优点。目前，管材规格大多为DN15～DN40，多用作建筑给水系统的分支管。

5) 其他管材

其他常见的管材包括铜管、不锈钢管等。

铜管可以有效地防止卫生洁具被污染，且光亮美观、豪华气派。目前，其连接配件、阀门等也配套产出。根据我国几十年的使用情况证实其效果良好。铜分为紫铜(纯)、黄铜(锌)、青铜(锡)和白铜(镍)，用于制氧、制冷、空调、高纯水设备等管道，也可用于现代高档次建筑的给水、热水供应管道。

不锈钢管表面光滑，亮洁美观，摩擦阻力小，强度高，且有良好的韧性，容易加工，耐腐蚀性能优异，无毒无害，安全可靠，不影响水质。其配件、阀门均已配套。由于人们越来越讲究水质的高标准，不锈钢管的使用呈快速上升之势。

1.2 建筑排水系统

1.2.1 建筑排水系统的分类及选择

建筑排水系统图.docx

1. 建筑排水系统的分类

建筑排水系统按水质的不同，可分为生活排水系统、工业排水系统、屋面雨水排水系统。

(1) 生活排水系统。生活排水系统中所指的水包括生活污水、生活废水。其中，污水又称为黑水，即粪便污水，其杂质含量高，难以处理；废水又称为灰水，即盥洗、沐浴、洗涤以及空调凝结水等，经过处理后，可作为杂用水，用来冲洗厕所、浇洒绿地和道路、冲洗汽车等。人们常说的中水系统即为将灰水和雨水进行收集、处理再回用的系统。

(2) 工业排水系统。工业排水系统排放的水包括生产废水(未受污染、轻微污染、水温略高的水)、生产污水(被生产过程污染的水)。杂质较多的生产污水需经过处理达标后才能排放，而工业废水可作为杂用水或回用水。

(3) 屋面雨水排水系统。屋面雨水排水系统较为简单，可以直接排入自然水体或城市雨水系统。一般杂质较多的初期雨水可收集简单处理后再排放。

2. 建筑室内排水系统的选择

音频 建筑排水体系及分类.mp3

室内排水系统分为分流制和合流制两种。

分流制室内排水，是指居住建筑和公共建筑中的粪便污水和生活废水、工业建筑中的生产污水和生产废水各自由单独的排水管道系统排出。合流制室内排水，是指建筑物中两种或两种以上的污、废水合用一套排水管道系统排出。

确定建筑物内部排水体制时，应考虑污水性质、污染程度，结合建筑外部排水系统体制，兼顾污水的处理和综合利用、中水开发等方面的因素。

1.2.2　建筑排水系统的组成

生活排水系统是排除居住建筑、公共建筑及工厂生活间的污、废水，如图 1-11 所示。生活排水系统又可分为排除冲洗便器用水的生活污水排水系统和排除洗涤废水的生活废水排水系统。生活废水经过处理后可作为杂用水，用于冲洗厕所或绿化。

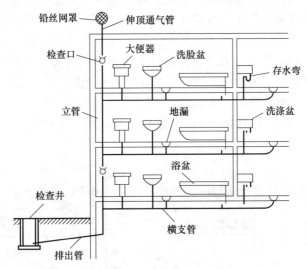

图 1-11　生活排水系统

一个完整的室内排水系统由卫生器具，排水横支管、立管、排出管，通气管道，清通设备，污水抽升设备及污水局部处理设备等部分组成。

(1) 卫生器具：卫生器具是建筑内部排水系统的起点，用来满足日常生活和生产过程中各种卫生要求，是收集和排除污、废水的设备。卫生器具按其用途可分便溺卫生器具(大便器、小便器、小便槽、大便槽等)、盥洗卫生器具(洗脸盆、盥洗槽、浴盆、淋浴器、净身盆等)、洗涤卫生器具(洗涤盆、污水池、化验盆等)、专用卫生器具(地漏、水封等)。卫生器具如图 1-12 所示。

卫生器具.mp4

(a) 便溺卫生器具

(b) 盥洗卫生器具

(c) 专用卫生器具(地漏)

图 1-12　卫生器具

(2) 排水管道系统：由连接卫生器具的排水管道、排水横支管、立管、埋设在室内地下的总横干管和排出到室外的排出管等组成。

(3) 通气系统：建筑内部排水管内是水气两相流，为防止因气压波动造成的水封破坏，使有毒有害气体进入室内，需设置通气系统。其主要作用是让排水管与大气相通，稳定排水管中的气压波动，使水流畅通。

通气管有伸顶通气立管、专用通气立管、环形通气管等几种类型。当建筑物层数和卫生器具不多时，可将排水立管上端延伸出屋顶，进行升顶通气，不用设专用通气管；当建筑物层数和卫生器具较多时，因排水量大，空气流动过程易受排水过程干扰，需将排水立管和通气立管分开，设专用通气立管；为使排水系统形成空气流通环路，通气立管与排水立管间需设结合通气管；当污水横支管上连接 6 个及 6 个以上大便器，或连接 4 个及 4 个以上卫生器具并与立管的距离大于 12m 时，应设环形通气管；对一些卫生标准与噪声控制要求较高的建筑物，应在各个卫生器具存水弯出口端设置器具通气管。通气管系统如图 1-13 所示。

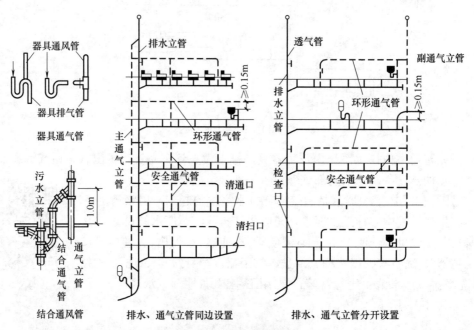

图 1-13　通气管系统

(4) 清通设备：为疏通建筑内部排水管道，保障排水畅通，需设置清通设备。在横支管上设清扫口，在立管上设置检查口，埋地横干管上设检查井。

(5) 污水抽升设备：当民用建筑中的地下室、人防建筑物、建筑的地下技术层、某些工业企业车间或半地下室、地下铁道等建筑物内的污、废水不能自流排至室外时，必须设置污水抽升设备。

(6) 污水局部处理设备：当室内污水不符合排放要求时，必须进行局部处理，常用的污水局部处理设备有化粪池、隔油池等。化粪池是一种利用沉淀和厌氧发酵原理去除生活污水中悬浮性有机物的最初级处理构筑物，由于目前我国许多小城镇还没有生活污水处理厂，所以建筑物卫生间内所排出的生活污水必须经过化粪池处理后才能排入合流制排水管道；

隔油池的工作原理是使含油污水流速降低，并使水流方向改变，使油类浮在水面上，然后将其收集排除，适用于食品加工车间、餐饮业的厨房排水和其他一些生产污水的除油处理。

1.2.3 屋面雨水排水系统

降落在屋面的雨和雪，特别是暴雨，在短时间内会形成积水，需要设置屋面雨水排水系统，有组织有系统地将屋面雨水及时排出，否则会造成四处溢流或屋面漏水，影响人们的生活和生产活动。建筑屋面雨水排水系统按建筑物内部是否有雨水管道分为雨水外排水系统、雨水内排水系统。在实际设计时，应根据建筑物的类型、建筑结构形式、屋面面积大小、当地气候条件及生产生活的要求，经过技术经济比较来选择排除方式。一般情况下，应尽量采用雨水外排水系统或者两种排水系统综合考虑。

1. 雨水外排水系统

外排水是指屋面不设雨水斗，建筑物内部没有雨水管道的雨水排放方式。按屋面有无天沟，外排水系统又分为檐沟外排水和天沟外排水两种方式。

1）檐沟外排水

檐沟外排水系统适用于普通住宅、一般公共建筑、小型单跨厂房。檐沟外排水系统由檐沟和雨落管组成，如图1-14所示。降落到屋面的雨水沿屋面集流到檐沟，然后流入沿外墙设置的雨落管排至地面或雨水口。根据经验，雨落管管径分为75mm、100mm两种规格，民用建筑雨落管间距为12～16m，工业建筑为18～24m。

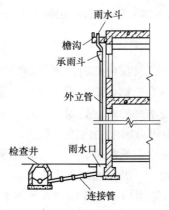

檐沟外排水系统.mp4

图1-14 檐沟外排水系统

2）天沟外排水

天沟外排水是由屋面构造上形成的天沟汇集屋面雨水，流向天沟末端进入雨水斗，经立管及排出管排向室外管道系统，如图1-15所示。天沟布置应使其不穿越厂房的伸缩缝或沉降缝，遇到伸缩缝时，应以伸缩缝为界向厂房两端排水。每条天沟的排水长度以不大于50m为宜。天沟的断面大小应根据屋面汇水面积和降雨强度的大小通过水力计算确定。一般天沟的断面尺寸为500～1000mm宽，水深为100～300mm，并且安有200mm以上的超高。天沟的排水断面形式根据屋面情况确定，一般多为矩形和梯形，天沟坡度不宜太大，以免天沟起始端屋顶垫层过厚而增加结构的荷重；但也不宜太小，以免天沟抹面时局部出现倒坡，雨水在天沟中积水，造成屋顶漏水，所以天沟坡度一般在0.003°～0.006°之间。

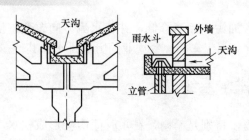

图 1-15　天沟外排水系统

【案例 1-1】

天津某金工车间天沟外排水设计为：车间全长为 144m，跨度为 18m；利用拱形屋架及大型屋面板所形成的矩形凹槽作为天沟。天沟布置如图 1-16 所示。试思考天沟外排水系统对天沟的设置有何要求？

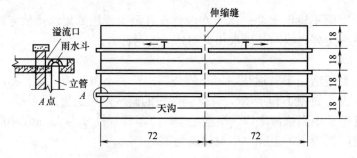

图 1-16　天沟布置示意图(单位：m)

2. 雨水内排系统

内排水是指屋面设雨水斗，建筑物内部有雨水管道的雨水排水系统。对于跨度大的多跨工业厂房，在屋面设天沟有困难的锯齿形或壳形屋面厂房及屋面有天窗的厂房应考虑采用内排水形式。对于建筑立面要求高的高层建筑，大屋面建筑及寒冷地区的建筑，在墙外设置雨水排水立管有困难时，也可考虑采用内排水形式。

内排水系统由雨水斗、连接管、悬吊管、立管、排出管、埋地干管和检查井组成，如图 1-17 所示。降落到屋面上的雨水，沿屋面流入雨水斗，经连接管、悬吊管流入排水立管，再经排出管流入雨水检查井，或经埋地干管排至室外雨水管道。

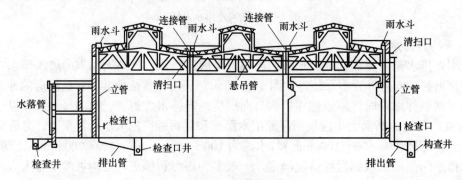

图 1-17　内排水系统

1.3 建筑给排水制图的一般规定

1.3.1 给排水施工图的分类与组成

1. 施工图的分类

给排水施工图按其内容和作用可以分为以下几种。

(1) 管网平面图，主要包括室内给水平面图、室内排水平面图、室外(小区)给水平面图和室外(小区)排水平面图。

(2) 管网系统图，主要包括室内给水系统图和室内排水系统图。

(3) 室外(小区)给排水断面图，主要包括室外(小区)给水断面图和室外(小区)排水断面图。

(4) 管道配件和安装详图。

(5) 给排水附属设备图和水处理工艺设备图。

2. 施工图的组成

给排水施工图一般由基本图和详图组成，基本图包括管网设计平面图、断面图、系统图以及图纸目录、设计说明、材料设备表等，详图包括局部放大图、安装详图等。

1.3.2 建筑给排水制图的一般规定

1. 图线

给排水施工图常用的各种线型宜符合表 1-2 的规定。图线的宽度 b，应根据图纸的类型比例和复杂程度，按现行国家标准《房屋建筑制图统一标准》(GB/T 50001—2001)中的规定选用，线宽宜为 0.7mm 或 1.0mm。

表 1-2 线型

名 称	线 型	线宽	用 途
粗实线	——————	b	新设计的各种排水和其他重力流管线
粗虚线	— — — —	b	新设计的各种排水和其他重力流管线的不可见轮廓线
中粗实线	——————	$0.7b$	新设计的各种给水和其他压力流管线及原有的各种排水和其他重力流管线
中粗虚线	— — — —	$0.7b$	新设计的各种给水和其他压力流管线及原有的各种排水和其他重力流管线的不可见轮廓线
中实线	——————	$0.5b$	给排水设备、零(附)件的可见轮廓线，总图中新建建筑物和构筑物的可见轮廓线，原有的各种给水和其他压力流管线的可见轮廓线

名　称	线　型	线宽	用　途
中虚线	— — — — — — — — —	0.5b	给排水设备、零(附)件的不可见轮廓线，总图中新建建筑物和构筑物的不可见轮廓线，原有的各种给水和其他压力流管线的不可见轮廓线
细实线	——————	0.25b	建筑物的可见轮廓线，总图中原有的建筑物和构筑物的可见轮廓线，制图中的各种标注线
细虚线	- - - - - - - - -	0.25b	建筑物的不可见轮廓线，总图中原有的建筑物和构筑物的不可见轮廓线
单点长划线	—·—·—·—	0.25b	中心线，定位轴线
折断线	——/\/———	0.25b	断开界线
波浪线	∿∿∿	0.25b	平面图中水面线、局部构造层次范围线、保温范围示意线等

2. 比例

给排水施工图常用的比例宜符合表 1-3 所示的规定。

表 1-3　比例

名　称	比　例	备　注
区域规划图、区域平面图	1∶50000、1∶25000、1∶10000、1∶5000、1∶2000	宜与总图专业一致
总平面图	1∶1000、1∶500、1∶300	宜与总图专业一致
管道纵断面图	竖向 1∶200、1∶100、1∶50 纵向 1∶1000、1∶500、1∶300	——
水处理构筑物，设备间，卫生间，泵房平、剖面图	1∶100、1∶50、1∶40、1∶30	——
建筑给排水平面图	1∶200、1∶150、1∶100	宜与建筑专业一致
建筑给排水轴测图	1∶150、1∶100、1∶50	宜与相应图纸一致
详图	1∶50、1∶30、1∶20、1∶10、1∶5、1∶2、2∶1	——

3. 标高

标高符号及一般标注方法应符合现行国家标准《房屋建筑制图统一标准》(GB/T 50001—2001)的规定。室内工程应标注相对标高；室外工程宜标注绝对标高，当无绝对标高资料时，可标注相对标高，但应与总图专业一致。标高的标注方法应符合下列规定。

(1) 平面图中，管道标高应按图 1-18(a)、(b)的方式标注，沟渠标高应按图 1-18(c)的方式标注。

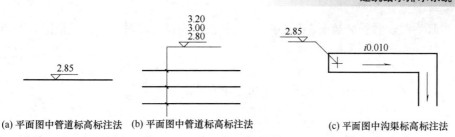

(a) 平面图中管道标高标注法 (b) 平面图中管道标高标注法   (c) 平面图中沟渠标高标注法

图 1-18 平面图中管道和沟渠标高注法

(2) 剖面图中,管道及水位标高的标注方式,如图 1-19 所示。

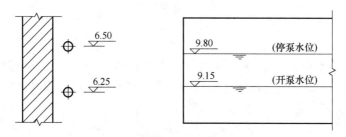

图 1-19 剖面图中管道及水位标高注法

(3) 轴测图中,管道标高的标注方式,如图 1-20 所示。

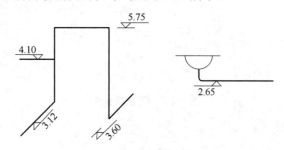

图 1-20 轴测图中管道标高注法

(4) 建筑物内的管道标高也可按本层建筑地面的标高加管道安装高度的方式标注,标注方法应为 h+X、XX、h 表示本层建筑地面标高。

4. 管径

管径应以 mm 为单位。不同材料的管材,管径的表达方法不同。管径的表达应符合以下规定。

(1) 水煤气输送钢管(镀锌或非镀锌)、铸铁管等管材,管径宜以公称直径 DN 表示。

(2) 无缝钢管、焊接钢管(直缝或螺旋缝)等管材,管径宜以外径 D×壁厚表示。

(3) 铜管、薄壁不锈钢等管材,管径宜以公称外径 Dw 表示。

(4) 建筑给排水塑料管材,管径宜以公称外径 dn 表示。

(5) 钢筋混凝土(或混凝土)管,管径宜以内径 d 表示。

(6) 复合管、结构壁塑料管等管材,管径应按产品标准的方法表示。

(7) 当设计中均采用公称直径 DN 表示管径时,应有公称直径 DN 与相应产品规格对照表。

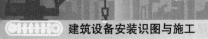

单根管道时，管径应按图 1-21(a)的方式标注；多根管道时，管径应按图 1-21(b 的方式标注。

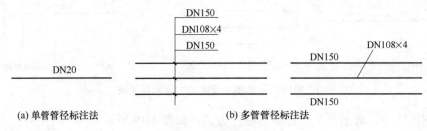

图 1-21　管径表示法

5. 编号

当建筑物的给水引入管或排水排出管的数量超过 1 根时，应进行编号，编号宜按图 1-22(a)的方法表示。建筑物内穿越楼层的立管，其数量超过 1 根时，应进行编号，编号宜按图 1-22(b)的方法表示。

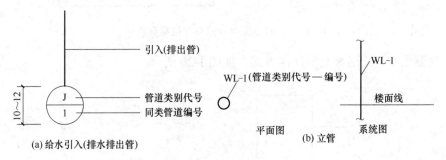

图 1-22　编号表示法

6. 图例

管道类别应用汉语拼音字母表示，如用 J 作为给水管的代号，用 W 作为污水管的代号。为了保持图纸整洁，方便认读，给排水施工图的管道、附件、卫生器具等，均不画出其真实的投影图，而采用统一的图例符号来表示，如表 1-4 所示。表 1-4 中的图例摘自《建筑给水排水制图标准》(GB/T 50106—2010)。

表 1-4　给排水施工图中常用的图例

名　称	图　例	备　注
给水管	—— J —— 冷水给水管 —— R —— 热水给水管	
排水管	—— W —— 污水管 —— F —— 废水管 —— Y —— 雨水管 —— K —— 空调凝水管	废水管可与中水原水管合用

续表

名称	图例	备注
管道立管	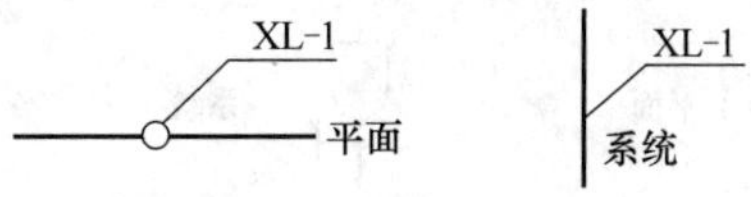 XL-1 平面　　　XL-1 系统	X 为管道类别 L 为立管 1 为编号
排水明沟	 坡向 ⟶	
立管检查口	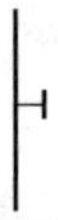	
通气帽	 成品　　蘑菇形	
圆形地漏	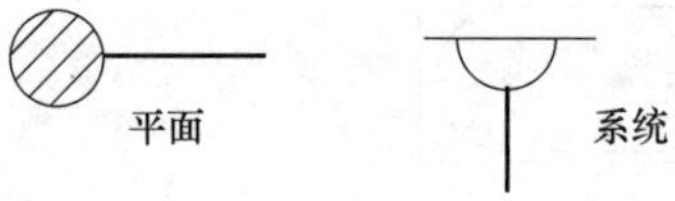 平面　　　系统	通用，如无水封，地漏应加存水弯
管道连接	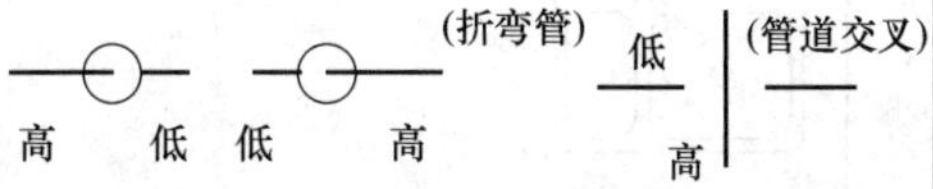 (折弯管) 高 低 低 高　低 高 (管道交叉)	管道交叉时，在下面和后面的管道应断开
存水弯	S形　　P形	
正三通	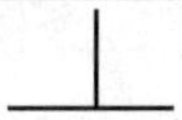	
斜三通	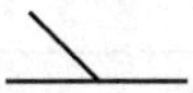	
正四通	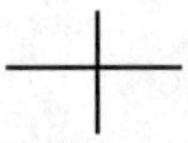	
闸阀		
角阀	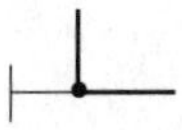	
截止阀	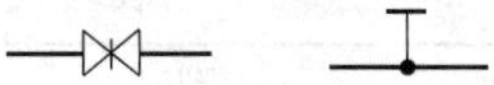	
止回阀		

续表

名称	图例	备注
自动排气阀	⊙ 平面　　　　系统	
水嘴	平面　　　　系统	
浴盆带喷头混合水嘴		
台式洗脸盆		
浴盆		
厨房洗涤盆		不锈钢制品
污水池		
淋浴喷头		
坐式大便器		
阀门井及检查井	J-×× W-×× Y-××　　　J-×× W-×× Y-××	以代号区别管道
水表井		
水表		

【案例 1-2】

根据图 1-23 给出的卫生间给水平面图, 按照图 1-24 给出的 JL-1 系统图示例, 完成 JL-2、JL-3、JL-4 系统图的绘制; 根据图 1-25 给出的卫生间平面图以及给水立管标出的位置, 完成 JL-5、JL-6、JL-7、JL-8 所在卫生间的给水平面图和系统图的绘制。全部内容在一张 A3 图纸上完成。图纸要写仿宋字, 要求线条清晰、主次分明, 字迹工整、图面干净。

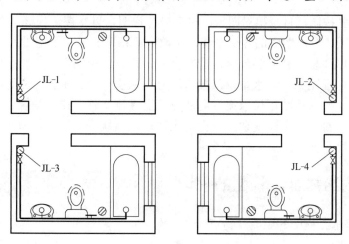

图 1-23　卫生间给水平面图

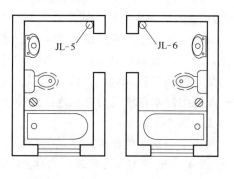

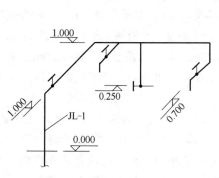

图 1-24　给水系统图(JL-1)

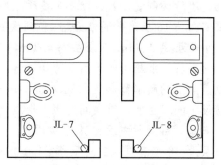

图 1-25　卫生间平面图

1.4　建筑给排水施工图识读

1.4.1　识图方法

音频　给排水识图
方法.mp3

　　识图时应首先按图纸目录核对图纸，再看设计说明，以掌握工程概况和设计者的意图。分清图中的各个系统，从前到后将平面图和系统图反复对照来看，以便相互补充和说明，建立全面、系统的空间形象；对卫生器具的安装还必须辅以相应的标准图集。给水系统可按水流方向从引入管、干管、立管、支管到卫生器具的顺序来识读；排水系统可按水流方向从卫生器具排水管、排水横管、排水立管到排出管的顺序来识读。对系统多而复杂的工程，应注意以系统为单位进行识读，不要贪多，而且还要前后反复对照查阅。

1.4.2　室内给排水工程图的识读

1. 室内给排水工程图的组成及特点

1) 室内给排水工程图的组成

室内给排水工程图包括设计总说明、给排水平面图、给排水系统图、详图等几部分。

2) 室内给排水工程图的特点

室内给排水工程图的最大特点是管道首尾相连，来龙去脉清楚，从给水引入管到各用水点，从污水收集器到污水排出管，给排水管道既不突然断开消失，也不突然产生，具有十分清楚的连贯性。因此，读者可以按照从水的引入到污水的排出这条主线，循序渐进，逐一厘清给排水管道及与之相连的给排水设施。

【案例 1-3】

　　扬州市一高层综合楼，建筑面积约 35000 m^2，建筑高度为 61.2m，地下 1 层(地下室)，地上 16 层，地下 1 层为车库、电梯井、设备房(包括水泵房)和贮水池，地上 1 层为门厅、商场、消防控制室，2 层为营业餐厅，3 层为公共浴室，4~5 层为宾馆，6~7 层为公寓式办公室，8~16 层为普通办公室。屋顶设有电梯机房、设备房、水箱间。地下 1 层层高 5.20m，地上 1 层层高 4.50m，2 层层高 4.80m，3 层层高 4.20m，4~16 层层高均为 3.60m，电梯机房、设备房、水箱间地层高均为 4.20m。室内、外地坪高差 0.30m。地下室内车库入口处设有收集雨水的雨水篦和集水坑，电梯井旁设有集水坑，水泵房内设有集水坑。地上 1~3 层每层设 1 间卫生间，卫生间内男、女厕所各 1 个，卫生间的门厅内设有 3 个台式洗手盆、1 个拖布盆，男厕所内设有 4 个蹲便器、3 个立式小便器，女厕所内设有 4 个蹲便器。4~5 层每层设 38 套客房、1 间服务室、1 间公共卫生间，客房的卫生间内设台式洗脸盆、坐便器、浴盆各 1 个，服务室内设 1 个洗脸盆，公共卫生间内男、女厕所各 1 个，男、女厕所内各设有 1 个蹲便器、1 个洗手盆。6~7 层每层设 42 套公寓式办公室，办公室的卫生间内设洗手盆、拖布盆、坐便器、淋浴器各 1 个。8~16 层每层设 2 间卫生间，卫生间内的布置同 1~3 层。

　　现要求设计建筑给排水工程具体内容包括以下几方面。

(1) 建筑生活给水系统设计(包括冷水和热水系统)。

(2) 建筑排水系统设计。

(3) 建筑雨水系统设计。

2. 室内给水系统图的识读

室内给水系统图是反映室内给水管道和设备的空间关系的图样。

在识读给水系统图时,可以按照循序渐进的方法,从室外水源引入处入手,顺着管路的走向,依次识读各管路及用水设备。也可以逆向进行,即从任意一用水点开始,顺着管路,逐个弄清管道、设备的位置,管径的变化以及所用管件等内容。

管道的轴测图,在绘制时遵从轴测图的投影法则。两管道的轴测投影相交叉,位于上方或前方的管道线连续绘制,而位于下方或后方的管道线则在交叉处断开。如为偏置管道,则采用偏置管道的轴测表示法(尺寸标注法或斜线表示法)。

给水管道系统图中的管道,一般都是采用单线图绘制,管道中的重要管件(如阀门),在图中用图例表示,而更多的管件(如补心、活接、短接、三通、弯头等)在图中并未作特别标注,这就要求读者应熟练掌握有关图例、符号、代号的含义,并对管路构造及施工程序有足够的了解。

图 1-26 所示是某商品楼的室内给水系统图。现以该图为例,介绍给水系统图的识读。

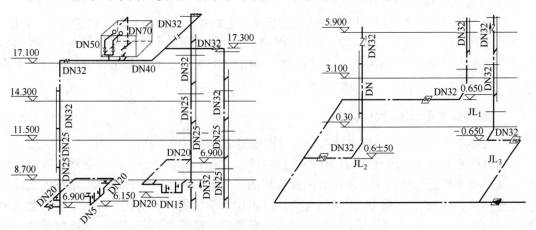

图 1-26　某商品楼的室内给水系统

1) 系统图的整体识读

该图的给水系统编号为 JL_1、JL_2 和 JL_3,与给排水平面图中的系统编号相对应,分别表示单元一、单元二和单元三的给水系统。给出了各楼层的标高线(图 1-26 中细横线表示楼的地面,该建筑共六层),表示了屋顶水箱与给水管道的关系。从本系统图中可知,屋顶水箱进水管与室外给水管共用,并没有单独设进水管。室外给水管网的水可以以下行上给的方式,直接供应到各用户,也可以直接供应到屋顶水箱内。在管道 JL_1、JL_2 和 JL_3 上,离三楼 1m 处,各设有一个止回阀,允许向上的水流通过。很显然,水箱内上行下给式供水可供三层、四层、五层和六层。由于设了止回阀,可以保证水箱在用水处于低谷时补进水,在用水处于高峰时水箱存水不会回流到供水管网中。

2) 部分管路的识读

现以管道 JL₁ 为例，室外供水是由 DN32 的管道从左边引入，设弯头向后，送到单元一厨房地下，再设弯头向上，直引到屋面后再拐弯与其他管道会合接至水箱。在距底层地坪 1m 处，立管上接有一个 DN32×200 异径三通，引出一层的供水支管。该支管管径为 DN20。该支管进屋后，先接一个 DN20 截止阀和一个 DN20 水表，该处是本户进水的总控制点和总计量点。然后接弯头向左，接一个 DN20×15 异径三通，侧面接出 DN15 水嘴给厨房洗涤池供水。支管继续延续拐弯穿墙，接入卫生间内，再拐弯，接出 DN15 水嘴给浴缸供水。然后管道下沉，距离地坪 250mm 处延伸，给坐式大便器的水箱供水(坐式大便器水箱为下进水，所以给水支管要下沉)。为此，管道再次穿墙，到卫生间外侧，再采用下进水方式给洗面盆供水。从给水立管引出支管到此，支管全部为 DN20 管道。从洗面盆进水三通向外，管径变为 DN15 的水管继续右行，并向上抬起，接出一个 DN15 水龙头，该层供水支管到此结束。

由于单元一与其他楼层的给水支管走向和底层相同，所以就不再介绍其他楼层了。

接下来观察立管的管径变化情况。从室外引入管到二层支管上方，立管管径均为 DN32，从五层支管下方到屋顶水箱进水管，立管也是 DN32，其余的管为 DN25 管。很显然，以立管中的止回阀为界，止回阀以下部分是下行上给式供水，止回阀以上部分是上行下给式供水，给水管道的起始端管径大一些，末端管径小一些。

3) 屋顶水箱部分识读

屋顶水箱在系统图中，可以比较清楚地反映出它的进出水管的位置、空间关系、管径、管件等内容。JL₁、JL₂ 和 JL₃ 汇合后，由 DN50 管道分两路在水箱上方侧面供水，同时在水箱下部侧面由 DN50 管道出水，再次送往 JL₁、JL₂ 和 JL₃ 中。水箱的放空管道的出口位于箱体底部，溢流管的出口位于箱体侧面进水口上方。

3. 室内排水系统图的识读

室内排水系统图是反映室内排水管道及设备的空间关系的图样。

室内排水系统是从污水收集口开始，经由排水支管、排水干管、排水立管、排出管排出。其中排水管道用单线图表示，设施设备用图例表示。所以，在识读排水系统图之前，首先要熟悉并掌握有关图例和符号的含义。室内排水系统图表示了整个排水系统的空间关系，个别重要管件在图有表示，但也有部分普通管件在图中没有标注，这就需要读者对排水管道的构造情况有足够的了解。有关卫生设备与管线的连接、卫生设备的安装大样也通过索引的方式表达，而不在系统图中详细画出。

图 1-27 所示是某商品楼 PL₁ 和 PL₂ 的排水系统图，现以该图为例，介绍排水系统图的识读。

1) PL₁ 排水系统图的识读

PL₁ 排水系统是单元一厨房的污水排放系统，从一层到六层，污水立管及排出管的管径均为 DN75，污水支管在每一层楼的地面上方引到立管中，支管的端部带有一个 P 形存水弯，用于隔气，支管的管径为 DN50。立管通向屋面部分(通气管)的管径为 DN50，立管露出屋顶平面有 700mm，并在顶端加设网罩。立管在一层、三层、五层、六层各设有检查口，离地坪高 1000mm。楼层二层到六层的污水集中到排水立管中排放。而底层的洗涤池单设了一根 DN50 排水管单独排放。由图 1-27 中所注的标高可知，污水管埋入地下 850mm 处，在给水管之下(给水管道埋入地下 650mm)，这些是设计规范规定的。图 1-27 中污水立管与支管相交处的三通为正三通，但也有的采用顺水斜三通，以利于排水的顺畅。

2) PL$_2$ 排水系统图的识读

在 PL$_2$ 排水系统图中，除底层卫生设备采用单独排放的方法外，其余楼层卫生间内外侧的浴缸、坐便器、地漏、洗面盆的污水均通过支管排到立管中，集中排放。首先看看立管，图 1-27 中的立管管径为 DN100，直到六层，六层以上出屋面部分通气管管径为 DN75，管道露出屋面 700mm，同样在一层、三层、五层、六层距离地坪 1000mm 的位置，设有立管检查口，与立管相连的排出管管径为 DN100，埋深为 850mm。其次，再看看楼层的排水支管，支管是以立管为界两侧各设一路，用四通与立管连接，并且接入口均设在楼面下方。图 1-27 中左侧设有 DN50 管带有 P 形存水弯，用于排出浴缸污水，地漏为 DN50 防臭地漏，上口高度与卫生间地坪平齐，接下来与横支管相连的 L 形管，管径为 DN100，自此通向立管的横支管的管径也均为 DN100，L 形管道用于排出坐便器的污水。

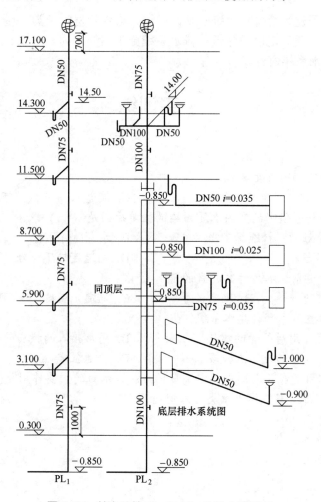

图 1-27　某商品楼 PL$_1$ 和 PL$_2$ 的排水系统图

注意，在 L 形管道上未设存水弯，这是因为坐便器本身就带有存水弯，因此在管道上不需要再设。图 1-27 中立管右侧，分别表示地漏及洗面盆的排水。地漏为防臭地漏，排水管的管径为 DN50，地漏的上表面比地坪表面低 5～10mm，在洗面盆下方的排水管，设有 S 形存水弯，管径为 DN50，该存水弯位于地坪的上方。左右两侧支管指向立管方向应有一定的排水坡度，其坡度值用 i 表示，管道上还应设置吊架。

底层的排水布置。底层的坐便器的污水，是用 DN100 管道单独排出，而两个地漏、一个浴缸和一个洗面盆共用了一根 DN75 排水管排出。值得注意的是，当埋入地下的管道较长时，为了便于管道的疏通，常在管道的起始端设一弧形管道通向地面，在地表上设清扫口。正常情况下，清扫口是封闭的，当发生横支管堵塞时可以打开清扫口进行清扫。即使不是埋入地下的水平管道，如果水平管道的长度超过 12m 时，也应在它的中部设检查口，以便于疏通检查。

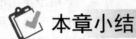

本章小结

本章主要讲授了建筑给排水系统的基础知识、给水管材的种类、屋面雨水排水系统、建筑给排水制图的一般规定以及建筑给排水系统施工图的识读。学生通过学习本章内容，可以掌握建筑给排水系统内容。

实训练习

一、单选题

1. 室内排水管道的附件主要指(　　)。
　　A. 管径　　　　　　　B. 坡度　　　　　　　C. 流速　　　　　　　D. 存水弯
2. 采用优质塑料管供水的室内水质污染的主要原因是(　　)。
　　A. 与水接触的材料选择不当　　　　　　B. 水箱(池)污染
　　C. 管理不当　　　　　　　　　　　　　D. 构造连接不合理
3. 建筑内部管道系统水力计算的目的是(　　)。
　　A. 确定流速　　　　B. 确定流量　　　　C. 确定充满度　　　　D. 确定管道管径
4. 特殊配件管适用于哪种排水系统?(　　)
　　A. 易设置专用通气管的建筑　　　　　　B. 同层接入的横支管较少
　　C. 横管与立管的连接点较多　　　　　　D. 普通住宅
5. 存水弯的作用是在其内形成一定高度的水封，水封的主要作用是(　　)。
　　A. 阻止有毒有害气体或虫类进入室内
　　B. 通气作用
　　C. 加强排水能力
　　D. 意义不大

二、填空题

1. 建筑给水和热水供应管材常用的有(　　)、(　　)、(　　)、(　　)。
2. 建筑给水系统的组成主要包括(　　)、(　　)、(　　)、(　　)和(　　)、给水附件及给水局部处理设施、增压设施等。

3. 建筑内排水系统按排除的污、废水的种类不同，可分为以下三类，即(　　)、(　　)、(　　)。

4. 室内给水管的安装顺序: (　　)、(　　)、(　　)、(　　)。

5. 建筑内给水系统按照用途可分为(　　)、(　　)、(　　)。

三、简答题

1. 简述化粪池的作用。

2. 简述排水管道布置的原则。

3. 简述存水弯的作用。

4. 简述建筑内部排水系统的组成。

5. 为什么要淘汰镀锌钢管？我国为什么长期以来采用镀锌钢管？

第1章习题答案.doc

建筑设备安装识图与施工

实训工作单 1

班级		姓名		日期	
教学项目	现场参观屋面雨水排水系统				
任务	认识屋面雨水排水系统		学习要求	了解雨水内排、外排系统	
相关知识	屋面雨水排水系统基础知识				
其他项目					
现场过程记录					
评语				指导老师	

实训工作单 2

班级		姓名		日期	
教学项目	建筑给排水施工图的识读				
任务	掌握室内给排水施工图识读技巧		学习要求	掌握给排水施工图识图方法	
相关知识	建筑给排水施工图识读基础知识				
其他项目					
现场过程记录					
评语				指导老师	

第2章　建筑消防系统

【教学目标】

1. 了解建筑消防系统的基本概念。
2. 理解消防灭火系统的工作原理。
3. 掌握常用的防排烟方式。
4. 掌握建筑消防系统的施工工艺。

第2章.pptx

【教学要求】

本章要点	掌握层次	相关知识点
建筑消防系统概述	1. 了解建筑消防系统的概念 2. 了解建筑消防系统的分类 3. 理解建筑消防系统的组成	1. 消防系统的基本概念 2. 火灾自动报警系统 3. 人工消防、自动消防
灭火系统	1. 了解常用的灭火系统 2. 掌握自动喷淋灭火系统	1. 灭火系统的分类 2. 消火栓灭火系统 3. 自动喷淋灭火系统
防排烟系统	1. 了解防排烟系统的概念 2. 了解防火与减灾设备 3. 掌握防排烟的方式	1. 防排烟系统的基本概念 2. 火灾应急广播 3. 密封防烟
建筑消防系统施工图识读	1. 了解建筑消防制图的一般规定 2. 掌握建筑消防施工图的识读	1. 消防工程施工图的组成 2. 消防自动报警系统图的识读

【案例导入】

2009年2月9日晚，北京市朝阳区东三环中央电视台新址园区在建的附属文化中心大楼工地发生火灾，熊熊大火在三个半小时后得到有效控制，在救援过程中造成1名消防队员牺牲，6名消防队员和2名施工人员受伤。建筑物过火、过烟面积达21333m²，其中过火面积为8490m²，楼内十几层的中庭已经坍塌，位于楼内南侧演播大厅的数字机房被烧毁。造成直接经济损失16383万元。

【问题导入】

结合本章内容，试分析建筑消防设施在火灾发生时的重要作用。

2.1　建筑消防系统概述

2.1.1　建筑消防系统的概念

建筑消防系统图.docx

随着我国建筑行业的飞速发展，"消防"作为一门专门学科，正伴随着现代电子技术、自动控制技术、计算机技术及通信网络技术的发展进入高科技综合学科的行列。

一部人类文明的进步史，就是人类的用火史。火是人类生存的重要条件，它可造福于人类，但也会给人类带来巨大的灾难。因此，在使用火的同时一定要注意对火的控制，就是对火的科学管理。"以防为主，防消结合"的消防方针是相关的工程技术人员必须遵循执行的。

有效监测建筑火灾、控制火灾、迅速扑灭火灾，保障人民生命和财产的安全，保障国民经济建设，是建筑消防系统的任务。建筑消防系统就是为完成上述任务而建立的一套完整、有效的体系，该体系就是在建筑物内部，按国家有关规范的规定设置必需的火灾自动报警及消防设备联动控制系统、建筑灭火系统、防烟排烟系统等建筑消防设施。

2.1.2　建筑消防系统的分类

消防系统的类型，按报警和消防方式可分为以下两种。

1. 自动报警、人工消防

中等规模的旅馆在客房等处设置火灾探测器，当火灾发生时，位于本层服务台处的火灾报警器发出信号(即自动报警)，同时在总服务台显示出某一层(或某分区)发生火灾，消防人员根据报警情况采取相应的消防措施(即人工灭火)。

2. 自动报警、自动消防

这种系统与上述系统的不同点在于：在火灾发生时自动喷洒水进行消防，而且在消防中心的报警器附设有直接通往消防部门的电话。消防中心在接到火灾报警信号后，立即发出疏散通知(利用紧急广播系统)并开动消防泵和电动防火门等消防设备，从而实现自动报警、自动消防。

2.1.3　建筑消防系统的组成

建筑消防系统主要由三大部分构成：第一部分为感应机构，即火灾自动报警系统；第二部分为执行机构，即灭火自动控制系统；第三部分为避难诱导系统(后两部分也可称消防联动系统)。

火灾自动报警系统由探测器、手动报警按钮、报警器和警报器等构成，以完成检测火情并及时报警的任务。

现场消防设备种类繁多。它们从功能上可分为三大类；第一类是灭火系统，包括各种介质，如液体、气体、干粉以及喷洒装置，是直接用于扑火的；第二类是灭火辅助系统，即用于限制火势、防止灾害扩大的各种设备；第三类是信号指示系统，即用于报警并通过灯光与声响来指挥现场人员的各种设备。对应于这些现场消防设备需要有关的消防联动控制装置，主要有以下几种。

(1) 室内消火栓灭火系统的控制装置。

(2) 自动喷水灭火系统的控制装置。

(3) 卤代烷、二氧化碳等气体灭火系统的控制装置。

(4) 电动防火门、防火卷帘等防火区域分割设备的控制装置。

(5) 通风、空调、防烟、排烟设备及电动防火阀的控制装置。

(6) 电梯的控制装置、断电控制装置。

(7) 备用发电控制装置。

(8) 火灾事故广播系统及其设备的控制装置。

(9) 消防通信系统，火警电铃、火警灯等现场声光报警控制装备。

(10) 事故照明装置等。

在建筑物防火工程中，消防联动系统可由上述部分或全部控制装置组成。

综上所述，消防系统的主要功能是：自动捕捉火灾探测区域内火灾发生时的烟雾或热气，从而发出声光报警并控制自动灭火系统，同时联动其他设备的输出接点，控制事故照明及疏散标记，事故广播及通信、消防给水和防排烟设施，以实现监测、报警和灭火的自动化。消防系统的组成如图 2-1 所示。

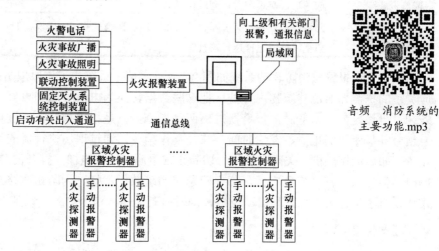

图 2-1 消防系统的组成

【案例 2-1】

耐火等级是衡量建筑物耐火程度的分级标度。它由组成建筑物的构件的燃烧性能和耐火极限来确定。规定建筑物的耐火等级是建筑设计防火规范中规定的防火技术措施中的最基本措施之一。试思考，影响建筑物耐火等级选定的因素有哪些？

2.2 火灾自动报警与消防联动系统

火的发现与使用促进了人类的进步，但由各种原因引起的火灾也带来巨大的损失，特别是建筑物的失火危害更甚。为保障人民的生命与财产安全，在许多重要建筑和部门都会借助高科技手段进行防范。

火灾自动报警
图.docx

消防系统由火灾自动报警、灭火联动控制等组成。一般包括火灾探测报警、应急照明与疏散指示、防排烟控制、自动灭火控制等多个子系统，如表 2-1 所示。

表 2-1 民用建筑防火设备与内容

设备名称	内 容
报警设备	漏电火灾报警器，火灾自动报警设备(探测器、报警器)，紧急报警设备(电铃、紧急电话、紧急广播)
自动灭火设备	洒水喷头，泡沫，粉末，卤化物灭火设备，二氧化碳
手动灭火设备	消火器(泡沫粉末)，室内外消防栓
防火排烟设备	探测器，控制盘，自动开闭装置，防火卷帘门，防火风门，排烟口，排烟机，空调设备
通信设备	应急通信机，普通电话，对讲机，无线步话机
避难设备	应急照明装置，引导灯，引导标志牌
避难设施	应急口，避难阳台，避难楼梯
其他有关设备	防范报警设备，航空障碍灯设备，地震探测设备，电气设备的监视，普通电梯运行监视等

报警设备.mp4

火灾自动报警与消防联动系统如图 2-2 所示。整个系统的工作原理是：由对各种信息反应灵敏的探测器监测建筑物内各处，把这些数据转换为电信号送到报警器与内存值比较，若超过已设定的正常值时，报警器发出两种指令：一是报警指令，通过报警器发出声光报警信号并显示火灾地点、发生时间；二是动作指令，通过现场执行器的动作开启各种消防设备，如启动排烟机、关闭隔离门、切断正常电源、迫降电梯、打开消防水泵喷淋系统等。同时由值班人员打开应急广播，切换应急照明疏散指示灯。为防止线路故障延误救灾，通常还设有手动开关以报警和启动设备，同时所有动作、指令均应反馈到控制中心。

【案例 2-2】

随着我国现代化建设的发展，各种类型的工业建筑建设正在加快发展，在建设过程中，尤其是对火灾的防范越来越受到人们的重视。《国家消防法》已颁布和实施了相关的法律法规，工程建设中对火灾的防范被提高到法律的高度。对消防系统要求贯彻的"预防为主，防消结合"的原则又标志着火灾自动报警系统将扮演更加重要的角色。火灾自动报警系统是为了让人们早期发现火灾，并及时采取有效措施，控制和扑灭火灾，而设置在建筑物中或其他场所的一种自动消防设施，是人们同火灾做斗争的有力工具。结合上下文，试分析火灾报警系统的组成结构有哪些？

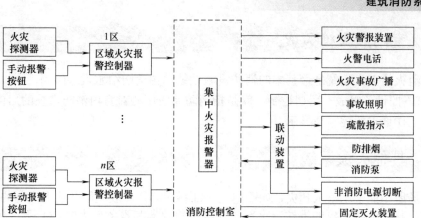

图2-2 火灾自动报警与消防联动系统

2.3 灭火系统

2.3.1 自动喷淋灭火系统

目前应用较广的是湿式系统,如图2-3所示。在屋顶处按设计距离装有喷头,喷头的玻璃球内装有受热汽化的液体。当发生火灾室内温度升高时,液体汽化膨胀把玻璃球胀碎,从而使水自动喷出,达到灭火目的。该系统由于水压较低,必须采用加压水泵供水。

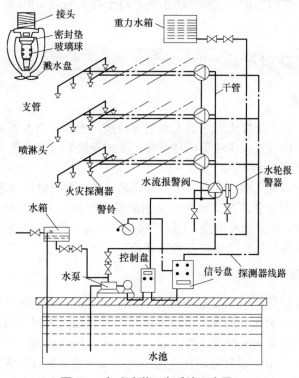

图2-3 自动喷淋灭火系统示意图

2.3.2　室内消火栓灭火系统

室内消火栓灭火系统是最基本的消防设施系统，由消防给水设备(给水管网、加压泵、阀门等)和电控设备组成。所谓控制，就是指消防系统中心对室内消防水泵的启停、泵的工作状态、工作地点的控制与显示。

2.3.3　其他灭火系统

许多场所不能采用喷水救灾，如配电室、油料库等，一般采用其他灭火剂的系统灭火。常见的有：扑灭油类火灾的泡沫灭火剂；扑救贵重仪器和设备着火的 CO_2 灭火剂；在通风良好的地方扑灭石油、油漆、有机溶剂火灾的 CCL_4 灭火剂；适用于电气设备、精密仪器、内燃机等救灾的卤代烷灭火剂等。这些气体灭火系统的电气控制也是由控制中心控制实施的。

2.4　防火与减灾设备及防排烟系统

随着国家经济建设的迅速发展和改革开放的深入，各项事业兴旺发达，人们生活水平不断提高，但城市用地日益紧张，因而促进了高层建筑的发展。国内外许多高层建筑火灾的经验教训告诉我们，如果在高层建筑设计中，对防火设计缺乏考虑或考虑不周密，一旦发生火灾，会造成严重的伤亡事故和经济损失，对于特大的火灾事故，还会引起人们恐慌，严重威胁城市公共安全。

2.4.1　防火与减灾设备

1．火灾应急广播

在火灾发生时，为了指挥火灾现场人员紧急疏散，指挥消防人员灭火，在消防控制中心应设置火灾应急广播系统，集中报警系统宜设置火灾应急广播系统，如图 2-4 所示。

应急广播.mp4

目前在实际的设计施工中，大多采用公共广播系统，即平时可播送背景音乐、歌曲等，火灾时必须强制切换到紧急广播，接受有关消防联动控制和手动控制。广播系统通常由以下设备构成：①音源，如录放机卡座、CD 机等；②播音传声器；③前置放大器；④功率放大器；⑤现场放音设备，如吸顶音箱、壁挂音箱等。

2．消防专用电话

消防专用电话是消防控制室设置的专用电话总机，是一种消防专用的通信系统，通过这个系统可以迅速实现对火灾的人工确认，并可及时掌握火灾现场的情况并进行其他必要的通信联络，便于指挥灭火和恢复工作。消防专用电话网络应为独立的消防通信系统。消防控制室应设置消防专用电话总机，且宜选择供电式电话总机或对讲通信电话设备。消防控制室、消防值班室或企业消防站等处，应设置可直接报警的外线电话。

1) 消防专用电话的构成

消防电话是消防控制室设置的专用电话总机且相对市话系统而独立的消防专用的通信网络系统。其主要作用是在火灾事故发生或异常情况时，便于信息联络和灭火指挥。消防电话系统主要由电话总机、传输线路、电话分机、电话插孔以及必要的事故切换装置等组成。

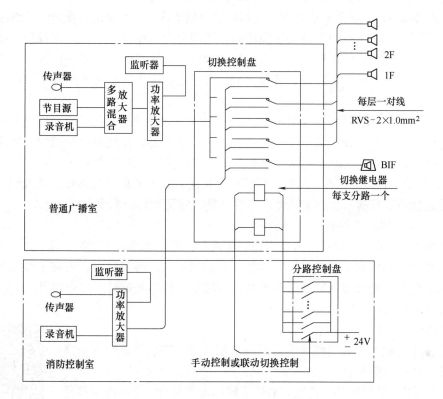

图 2-4　火灾应急广播系统

2) 消防专用电话的设置

电话分机或电话塞孔的设置，应符合下列要求。

(1) 消防水泵房、备用发电机房、变配电室、主要通风和空调机房、排烟机房、消防电梯机房及其他与消防联动控制有关的经常有人值班的机房，灭火控制系统操作装置处或控制室，企业消防站、消防值班室、总调度室应设置消防专用电话分机，带编码地址，安装高度宜为 0.4～0.5m。

(2) 设有手动火灾报警按钮、消火栓按钮等处宜设置电话塞孔，不带编码地址，安装高度宜为 1.3～1.5m。

(3) 特级保护对象的各避难层应每隔 20m 设置一个消防专用电话分机或电话塞孔。

(4) 消防控制室、消防值班室或企业消防站等处，应设置可直接报警的外线电话。

3. 消防应急照明

应急照明是指在正常照明因故障熄灭后，供事故情况下使用的照明，又称事故照明。消防应急照明是指在发生火灾而正常电源断电时，提供消防重要场所和人员疏散的火灾事故应急照明。高层建筑内人员密度较大，一旦发生火灾或某些人为事故时，室内动力照明线路有可能被烧毁，为了避免线路短路而使事故进一步扩大，必须人为地切断部分电源线路，因此，在建筑物内设置消防应急照明是十分必要的。

1) 应急照明的分类

应急照明主要包括备用照明、安全照明和疏散诱导(标志)照明 3 种。

(1) 备用照明。备用照明是指在火灾和停电事故情况下，用以确保正常活动继续进行的一种应急照明。由于工作中断或失误操作时，可能会引起爆炸、火灾、人身伤亡或造成严重政治后果和经济损失的场所，应考虑设置供暂时继续工作的备用照明。例如配电室、消防控制室、演播室等场所都应设置备用照明，并且工作面上的照度不应低于一般正常照明照度的 10%。

(2) 安全照明。安全照明是指用以确保处于潜在危险之中的人员的安全而设置的一种应急照明。例如手术室、使用圆形锯、机床加工、金属热处理及化学药品试验等场所，均应装设安全照明，并且工作面上的照度应不低于一般正常照明照度的 5%。

(3) 疏散诱导(标志)照明。疏散诱导照明是指用以指示通道安全出口，使人们迅速安全地撤离建筑物而设置的一种应急照明。疏散诱导照明又称为标志照明。

2) 应急照明的联动控制

应急照明(灯)的工作方式分为专用和混用两种；专用者平时不点亮，事故时强行启点，混用者与正常工作照明一样。混用者往往装有照明开关，必要时需在火灾事故发生后强迫启点。高层建筑中的楼梯间照明兼作事故疏散照明，通常楼梯灯采用自熄开关，因此需在火灾事故时强行启点。

3) 应急照明的设置范围

为了便于在夜间或烟气很大的情况下紧急疏散，高层建筑的下列部位应设置消防应急照明。

(1) 楼梯间、防烟楼梯间前室、消防电梯间及其前室、合用前室和避难层(间)。

音频 应急照明的
设置范围.mp3

(2) 配电室、消防控制室、消防水泵房、防烟排烟机房、供消防用电的蓄电池室、自备发电机房、电话总机房以及发生火灾时仍需坚持工作的其他房间。

(3) 观众厅、每层面积超过 $1500\,\text{m}^2$ 的展览厅、多功能厅、餐厅和商业营业厅等人员密集的场所。

(4) 公共建筑内的疏散走道和居住建筑内走道长度超过 20m 的内走道。

4. 疏散标志照明

常用的疏散标志照明包括疏散标志灯和安全出口标志灯。疏散标志灯是在发生火灾或应急事故时，提供人员疏散方向的指示照明，从而保证人员按照疏散标志方向安全疏散；安全出口标志灯是人们在疏散时的安全门指示标志，提醒和指示人们疏散安全出口(门)的具体方位。在宾馆饭店、影剧院、大型百货商场、办公大楼、19 层及 19 层以上的高层住宅等建筑中，疏散楼梯、走廊、消防电梯前室和出口等处应设置疏散标志照明。

疏散标志.mp4.

1) 疏散标志照明的分类

疏散标志照明按其内容性质可分为3类。

(1) 设施标志。设施标志是营业性、服务性和公共设施所在地的标志，如商场、餐厅、问事处、公用电话、卫生间等场所。

(2) 提示标志。提示标志是为了安全、卫生或保持良好公共秩序而设置的标志，如"禁止通行""请勿吸烟""请勿打扰"等。

(3) 疏散标志。疏散标志是在非正常情况下，如发生火灾、事故停电等而为人们设置的安全通向室外或临时避难层的线路标志。如"安全出口""太平门""避难层"等字样，此外还有引导标志，即借助于箭头或某种可分辨方向的图形进行指向。

疏散诱导照明按投入使用时间又可分为两类。

(1) 常用标志照明。一般场所和公共设施的位置照明和引向标志照明，属于常用标志照明。

(2) 事故标志照明。在火灾或意外事故时启用的位置照明和引向标志照明，属于事故标志照明。

常用标志照明和事故标志照明二者没有严格界限，某些照明灯具既是常用标志照明，又是事故标志照明，即在平时也需要点亮，使人们在平时就建立起深刻的印象，熟悉一旦发生火灾或意外事故时的疏散路线和应急措施。

2) 疏散标志照明的联动控制

疏散标志照明的点燃方式有两种：一种是平时点燃，兼作平时出入口的标志；另一种是平时不点燃，事故时接受指令而点燃；在无自然采光的地下室、楼内通道与楼梯间的出入口等处，需要采用平时点燃方式。

2.4.2 防排烟系统

1. 防排烟系统概述

防排烟系统图.docx

防排烟系统是在火灾发生时，将有毒烟气排出建筑物着火部位或疏散部位(如楼梯前室)的工作系统。建筑火灾，尤其是高层建筑火灾的经验教训表明，火灾中对人体伤害最严重的是烟雾。建筑物发生火灾后，烟气在建筑物内不断流动传播，不仅导致火灾蔓延，也会引起人员恐慌，影响疏散和扑救。因此根据国家规定，在某些建筑物内的消防系统中需要设置防排烟系统。

2. 排烟的方式

防排烟系统的排烟方式可分为自然排烟和机械排烟两种。

1) 自然排烟

自然排烟是借助室内外气体温度差引起的热压作用和室外风力所造成的风压作用而形成的室内烟气和室外空气之间的对流运动，如图2-5～图2-7所示。

自然排烟方式的优点是不需要专门的排烟设备，不需要外加的动力，构造简单，经济，易操作，投资少，运行维修费用也少，且平时可兼作换气用。其缺点主要有排烟的效果不

稳定，对建筑物的结构有特殊要求，以及存在着火灾通过排烟口向紧邻上层蔓延的危险性等。

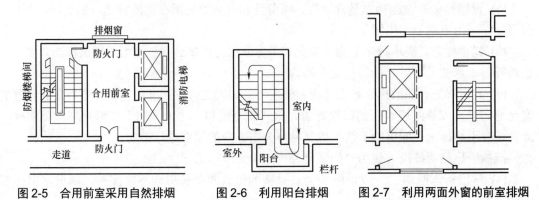

图 2-5　合用前室采用自然排烟　　图 2-6　利用阳台排烟　　图 2-7　利用两面外窗的前室排烟

2) 机械排烟

利用排烟机把着火区域中所产生的高温烟气通过排烟口排至室外的排烟方式，称为机械排烟。机械排烟利用风机的负压排出烟气，排烟效果好，稳定可靠。需设置专用的排烟口、排烟管道和排烟风机，且需专用电源，投资较大。机械排烟系统工作可靠、排烟效果好，当需要排烟的部位不满足自然排烟条件时，则应设置机械排烟。

机械排烟系统的划分与布置应遵守可靠性和经济性的原则，考虑最佳排烟效果的要求。系统过大，则排烟口多、管路长、漏风量大、远端排烟效果差，管路布置可能出现困难，但设备少，总投资可能少一些；如系统小，则排烟口少，排烟效果好，可靠性强，但设备多、分散，投资高，维护管理不便。因此应仔细考虑论证后确定排烟系统的方案。机械排烟可分为局部排烟和集中排烟两种工作方式。

(1) 在每个需要排烟的部位设置独立的排烟机直接进行排烟，称为局部排烟方式。

(2) 把建筑物划分为若干个系统，每个系统设置一台大型排烟机，系统内任何部位着火时所生成的烟气均可通过排烟口进入排烟管道引到排烟机处，直接排至室外，称为集中排烟方式。这种排烟方式已成为目前普遍采用的机械排烟方式。

3. 密封防烟

防烟系统是在火灾发生时，防止有毒烟气进入建筑物疏散方向或疏散部位的工作系统。高层建筑防烟系统的防烟方式一般分为机械加压送风和密封防烟两种方式。

现介绍密封防烟方式。密闭防烟方式是采取关闭房门使火灾房间与周围隔绝，让火情由于缺氧而熄灭的防烟方式。它一般适用于面积较小，且墙体、楼板耐火性能和密闭性能较好，并采用防火门的房间。

1) 作用原理

一、二级耐火等级的建筑，其墙体、楼板和门窗等的耐火性和密闭性都较好的房间，当发生火灾时，应将人员很快疏散出来，并立即关闭房间防火门，对进出房间的气流加以控制，将着火房间封闭起来，杜绝新鲜空气流入，使之缺氧而自行熄灭，从而达到防烟灭火的目的。

2) 设置部位

对于面积较小，且其墙体、楼板耐火性能较好、密闭性好并采用防火门的房间，可以采取关闭房门使火灾房间与周围隔绝，让火情由于缺氧而熄灭的防烟方式。

3) 密闭防烟房间的要求

(1) 房间围护结构的密闭要求。房间的顶棚、楼板与墙壁的交角接缝处，不应有缝隙；在采暖、通风空调等各种管道穿越墙壁和楼板时，在管道外围与墙壁、楼板孔洞之间的空隙处应用非燃烧材料填塞严密；处在防火分区或防烟分区之间的房间隔墙或楼板应做成防火隔烟形式，同时应尽量避免各种管道穿越这些构件。必须穿越时，除了管道本身要采取一定的防火防烟措施外，在穿越处的间隙尤其要注意用非燃材料填塞严密。

(2) 防止烟气回燃。在建筑物的门窗关闭的情况下发生火灾时，空气供应将严重不足，形成的烟气层中往往含有大量未燃的可燃组分。因此，只要房间内存放较多的可燃物，且其分布适当，火灾燃烧就会持续下去。若这种燃烧维持的时间足够长，室内温度的升高最终可造成一些新通风口或者某些其他原因，致使出现新鲜空气突然进入的情形，这将会使室内的可燃烟气发生燃烧。当这些积累的可燃烟气与新进入的空气发生大范围混合后，能够发生强烈的气相燃烧，火焰可以迅速蔓延开来，乃至窜出进风口。这种燃烧产生的温度和压力都相当高，具有很大的破坏力，不仅会对建筑物造成严重损坏，而且对前去灭火的消防人员也会构成严重威胁。

为了防止回燃的发生，控制新鲜空气的后期流通非常重要。当发现起火建筑物内已生成大量黑红色的浓烟时，若未做好灭火准备，不要轻易打开门窗，以避免生成可燃混合气体。在房间顶棚或墙壁上部打开排烟口将可燃烟气直接排到室外，有利于防止回燃。灭火实践表明，在打开这种通风口时，沿开口向房间内喷入水雾，可有效降低烟气的温度，从而减小烟气被点燃的可能，同时这也有利于扑灭室内的明火。

【案例 2-3】

对建筑火灾的统计分析表明，死亡人数中有 50%左右是被烟气毒死的。近年来，由于各种塑料制品大量用于建筑物内，以及空调设备的广泛采用和无窗房间增多等原因，烟气毒死的比例有显著增加。在某些住宅或旅馆的火灾中，因烟气致死的比例甚至高达 60%～70%。日本"千日"百货大楼火灾死亡人数中，约有 80%是被烟气毒死的。结合本章内容，试分析烟气的主要危害有哪几方面？

2.5　建筑消防制图的一般规定

消防系统施工图是消防工程施工的依据，对于工程施工技术人员来说，只有先读懂施工图，才能进行施工任务的安排，这是工程施工的前提与基础。对于系统的操作或维护人员来说，读懂了图纸，才能更全面地理解系统的整个布局和结构，也才能更有针对性地对系统进行操作，维护工作才能具体分析，确定故障所在的位置与线路。

1. 消防工程施工图的组成

消防工程施工图一般由以下部分组成：图纸封面、图纸目录、设计说明、系统图、平面图、安装大样图、设备接线图。

音频　建筑消防制图注意事项.mp3

2. 消防工程施工图的图例符号

在施工图中，以设备的图例符号表示某个设备，并形成符合规范的统一的标准。常用的图形符号如表 2-2、表 2-3 所示。

表 2-2　消防工程固定灭火器系统符号

名称	图形	名称	图形
水灭火系统 (全淹没)	 ⬦	ABC 类干粉 灭火系统	 ◆
手动控制 灭火系统	 ▽	泡沫灭火系统 (全淹没)	 ◈
卤代烷 灭火系统	 ◇	BC 类干粉 灭火系统	 ⬦
二氧化碳 灭火系统	 ◆		

表 2-3　火灾报警系统常用图形符号

图形符号	名称及说明	备注
 ★	火灾报警控制器	需区分火灾报警装置，★用字母代替：C 为集中型，Z 为区域，G 为通用，S 为可燃气体
 ★	火灾控制、指示设备	需区分设备，★用字母代替
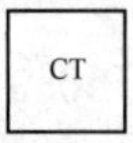 CT	缆式线型定温探测器	
 !	感温探测器	
 ! N	感温探测器	非编码地址
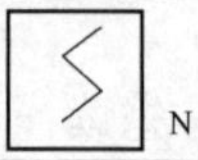 ⦦ N	感烟探测器	非编码地址
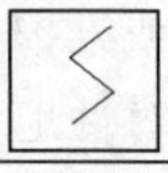 ⦦	感烟探测器	
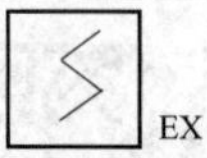 ⦦ EX	感烟探测器	防爆型
 ∧	感光式火灾探测器	

续表

图形符号	名称及说明	备注
	气体火灾探测器	点式
	复合式感温感烟探测器	
	复合式感光感烟探测器	
	复合式感光感温探测器	点式
	线型差定温探测器	
	线型光束感烟探测器	发射部位

2.6 建筑消防施工图识读

建筑消防自动报警系统图识读方法，以图 2-8 为例进行说明。图 2-8 是某建筑消防自动报警及联动系统图，火灾报警与消防联动设备装在一层，安装在消防及广播值班室。火灾报警与消防设备的型号为 JB 1501A/G508-64，JB 为国家标准中的火灾报警控制器，消防电

消防电话.mp4

话设备的型号为 HJ-1756/2，消防广播设备的型号为 HJ1757(120W×2)；外控电源设备型号为 HJ-1752。JB 共有 4 条回路，可设为 JN1~JN4，JN1 用于地下层，JN2 用于 1、2、3 层，JN3 用于 4、5、6 层，JN4 用于 7、8 层。

1. 配线标注

报警总线 PS 采用多股软导线、塑料绝缘、双绞线，其标注为 RVS-2×1.0GS15CEC/WC；2 根截面积为 $1mm^2$；保护管为水煤气钢管，直径为 15mm；沿顶棚暗敷设或沿墙暗敷设，均指每条回路。消防电话线 FF 标注为 BVR-2×0.5GC15FC/WC，BVR 为塑料绝缘软导线。其他与报警总线类似。

火灾报警控制器的右边有 5 个回路标注，依次为 C、FP、FC1、FC2、S。其对应依次为：

C：RS-485 通信总线 RVS-2×1.0GC15WC/FC/CEC。

FP：24VDC 主机电源总线 BV-2×4GC15WC/FC/CEC。

FC1：联动控制总线 BV-2×1.0GC15WC/FC/CEC。

FC2：多线联动控制线 BV-2×1.5GC20WC/FC/CEC。

S：消防广播线 BV-2×1.5GC15WC/CEC。

在系统图中，多线联动控制线的标注为 BV-2×1.5GC15WC/CEC。多线，即不是一根线，具体几根要根据被控设备的点数确定。从图 2-8 中可以看出，多线联动控制线主要是控制 1 层的消防泵、喷淋泵、排烟风机，其标注为 6 根线，在 8 层有两台电梯和加压泵，其标注

也是 6 根线。

图 2-8　消防自动报警及联动系统图

2. 接线端子箱

从图 2-8 中可知，每层楼安装一个接线端子箱，端子箱中安装短路隔离器 DG。其作用是当某一层的报警总线发生短路故障时，将发生短路故障的楼层报警总线断开，就不会影响其他楼层的报警设备正常工作了。

3. 火灾显示盘 AR

每层楼安装一个火灾显示盘，显示盘用 RS-485 总线连接，火灾报警与消防联动设备可以将信息传送到火灾显示盘上进行显示，因为显示盘有灯光显示，所以需接主机电源总线 FP。

4. 消火栓箱报警按钮

消火栓箱报警按钮也是消防泵的启动按钮，消火栓箱是人工用喷水枪灭火最常用的方式，当人工用喷水枪灭火时，如果给水管网压力低，就必须启动消防泵。消火栓箱报警按钮是击碎玻璃式，将玻璃击碎，按钮将自动动作，接通消防泵的控制电路，消防泵启动，同时通过报警总线向消防报警中心传递信息，每个消火栓箱按钮占一个地址码。在图 2-8 中，纵向第 2 排图形符号为消火栓箱报警按钮，X3 代表地下层有 3 个消火栓箱，报警按钮编号为 SF01、SF02、SF03。

消火栓箱报警按钮的连线为 4 根线，由于消火栓箱的位置不同，形成两个回路，每个回路 2 根线，线的标注是 WDC(启动消防泵)。每个消火栓箱报警按钮与报警总线相连接。

5. 火灾报警按钮

火灾报警按钮是人工向消防报警中心传递信息的一种方式，一般要求在防火区的任何地方至火灾报警按钮不超过 30m，纵向第 3 排图形符号是火灾报警按钮。X3 表示地下层有 3 个火灾报警按钮，火灾报警按钮编号为 SB01、SB02、SB03。火灾报警按钮也与消防电话线 FF 连接，每个火灾报警按钮板上都设置电话插孔，接上消防电话就可以用，8 层纵向第 1 个图符就是消防电话符号。

6. 水流指示器

纵向第 4 排图形符号是水流指示器 FW，每层楼一个。由此可以知道，该建筑每层楼都安装了自动喷淋灭火系统。火灾发生超过一定温度时，自动喷淋灭火的闭式感温元件融化或炸裂，系统将自动喷水灭火，水流指示器安装在喷淋灭火给水的支干管上，当支干管有水流动时，水流指示器的电触点闭合，接通喷淋泵的控制电路，使喷淋泵电动机启动加压。同时，水流指示器的电触点也通过控制模块接入报警总线，向消防报警中心传递信息。每个水流指示器占一个地址码。

7. 感温火灾探测器

在地下层，1、2、8 层安装了感温火灾探测器，纵向第 5 排图符上标注 B 的为母座。编码为 ST012 的母座带动 3 个子座，分别编码为 ST012-1、ST012-2、ST012-3，这 4 个探测器只有一个地址码。子座到母座是另外接的 3 根线，ST 是感温火灾探测器的文字符号。

8. 感烟火灾探测器

纵向 7 排图符标注 B 的为子座，8 排没标注 B 的为母座，SS 是感烟火灾探测器的文字符号。

本章小结

建筑消防系统是保证建筑物消防安全和人员疏散安全的重要部分，是现代建筑的重要组成部分。本章主要讲授了建筑消防系统的基础知识，火灾自动报警与消防联动系统，防排烟系统，建筑消防系统施工图的识读与施工方法。通过本章内容的学习，学生可以掌握建筑消防系统的施工工艺。

实训练习

一、单选题

1. 当建、构筑物内某一被监视现场发生火灾时，(   )探测到火灾产生的烟雾、高温、火焰及火灾特有的气体等信号并转换成电信号，立即传送到火灾报警控制器。

    A. 火灾报警器   B. 火灾警报装置   C. 火灾探测器   D. 火灾报警装置

2. 热辐射在火灾处于(   )时，成为热传播的主要形式。

    A. 初期阶段   B. 发展阶段   C. 猛烈燃烧阶段   D. 熄灭阶段

3. 干粉灭火系统主要由灭火剂供给源、输送灭火剂管网、(   )、火灾探测与控制启动装置等组成。

    A. 储气瓶组   B. 泵组   C. 制冷系统   D. 干粉喷嘴

4. (   )火灾报警控制器直接连接火灾探测器，处理各种报警信息，同时还与集中型火灾报警控制器相连接，向其传递报警信息。

    A. 独立型   B. 区域型   C. 集中型   D. 集中区域兼容型

5. 下列属于火灾报警系统中"大脑"的是(   )。

    A. 火灾报警控制器   B. 火灾探测器

    C. 声光警报器   D. 火灾显示盘

二、多选题

1. 火灾报警控制器的主要功能包括(   )。

    A. 火灾报警功能   B. 故障报警功能

    C. 信息显示与查询功能   D. 电源功能

2. 防火的基本措施包括(   )。

    A. 控制可燃物   B. 隔绝空气   C. 消除引火源   D. 阻止火势蔓延

3. 防烟分区划分构件可采用(   )。

    A. 挡烟隔墙   B. 挡烟梁   C. 挡烟垂壁   D. 防火门

4. 自动喷水灭火系统的雨淋报警阀组用于(   )。

    A. 雨淋系统   B. 预作用系统   C. 水幕系统   D. 水喷雾系统

5. 火灾报警控制器处于火灾报警状态时的信息特征为(   )。

    A. 显示器显示火灾发生部位、设备类型、报警时间

    B. 点亮"火警"总指示灯，不能自动清除，只能通过手动复位操作进行清除

    C. 显示器显示"系统运行正常"等类似提示信息

　　D. 发出火警声响音调(消防车声)

三、简答题

1. 建筑内消火栓系统由哪些主要部分组成?
2. 闭式自动喷水灭火系统分哪几类?
3. 自然排烟和机械排烟各有什么优缺点?
4. 简述布置室内消火栓时应满足的要求。
5. 简述室内排水通气管的作用。

第2章习题答案.doc

实训工作单 1

班级		姓名		日期	
教学项目		现场参观火灾自动报警系统			
任务	认识火灾自动报警系统		要求	消防应急设备	
相关知识	火灾自动报警系统基础知识				
其他项目					
现场过程记录					
评语				指导老师	

实训工作单 2

班级		姓名		日期	
教学项目		建筑消防系统施工图的识读			
任务	学习消防施工图的识读技巧		要求	掌握识图方法	
相关知识	建筑消防系统施工图识读的基本知识				
其他项目					
现场过程记录					
评语			指导老师		

第 3 章　建筑热水系统

第 3 章.pptx

【教学目标】

1. 了解建筑热水系统的基本概念。
2. 理解建筑热水系统的工作原理。
3. 掌握常用的热水管网循环方式。
4. 掌握建筑热水系统的施工工艺。

【教学要求】

本章要点	掌握层次	相关知识点
建筑热水系统概述	1. 了解建筑热水系统的概念 2. 了解建筑热水系统的分类 3. 理解建筑热水系统的组成	1. 建筑热水系统的基本概念 2. 热水供应范围 3. 热水供应系统
热水管网的循环方式	1. 了解常用热水管网的循环方式 2. 掌握全循环热水供应方式	1. 全循环热水供应 2. 半循环热水供应 3. 非循环热水供应
建筑热水系统施工工艺	1. 了解热水供应系统管道种类 2. 掌握管道的布置与敷设方法	1. 热水管道的布置 2. 热水管网的敷设
建筑热水系统施工图识读	1. 了解建筑热水制图的一般规定 2. 掌握建筑热水施工图的识读	1. 建筑热水系统施工图的组成 2. 建筑热水系统图的识读

【案例导入】

某综合办公楼地下 1 层、地上 5 层，楼高 20.50m，框架结构，屋顶为平屋面，建筑面积 $7331.10\,m^2$。随着住宅、公共建筑的热水供应系统越来越完善，方便人们盥洗和淋浴。

【问题导入】

结合案例，试分析供给人们盥洗和淋浴的热水是从哪里来的？热水供应系统由哪些部分组成？

3.1 建筑热水系统概述

随着社会经济的发展和人们生活水平的日益提高，人们已不满足建筑中单纯的冷水供应，对热水的需求与日俱增。除了饭店、宾馆、高档住宅、大型公共建筑及生产车间设置热水供应系统外，目前在一般的居住小区建筑给水系统中也设计安装有集中的热水供应系统或一些小区建筑中设置局部热水供应，如电热水器、燃气热水器、壁挂式锅炉和太阳能热水器等加热设备供用户洗浴之用，满足人们生活的需要。

3.1.1 建筑热水系统的分类

1. 按照热水的供应范围分类

建筑热水系统图.docx

按照热水的供应范围，建筑热水系统可分为局部热水供应系统、集中热水供应系统和区域热水供应系统。

1) 局部热水供应系统

局部热水供应系统是就地加热就地使用热水，一般无热水输送管道，即使有也很短，热水分散加热，热水供应范围小，如单元旅馆、住宅、公共食堂、理发室及医疗所等。一般采用小型加热设备，如电加热器、煤气加热器、蒸汽加热器、太阳能热水器、炉灶等，热效率较低。

音频 建筑热水系统的分类及适用范围.mp3

该系统适用于没有集中热水供应的居住建筑、小型公共建筑以及热水用水量较小且用水点较分散的建筑。

2) 集中热水供应系统

该系统是此地加热异地使用热水，有热水输配管网，热水供应范围较大，如一幢或几幢建筑物。加热设备为锅炉房，或热交换器，热水集中加热，热效率较高。

集中热水供应系统适用于使用要求高、耗热量大、用水点多且比较集中的建筑，如图 3-1 所示。

3) 区域热水供应系统

区域热水供应系统热水供应范围大，供应城市一个区域的建筑群。加热冷水的热媒多为热电站或工业锅炉房引出的热力网。热效率高，有条件时优先采用。该系统管网长且复杂，热损失大，设备、附件多，管理水平要求高，一次性投资大。

该系统适用于建筑布置较集中、热水用量较大的城镇住宅区和大型工业企业热水用户。

【案例 3-1】

热水供应系统是保证用户能按时得到符合设计要求的水量、水温、水压和水质的热水的供水系统。热水供应系统的组成，应根据使用对象、建筑物特点、热水用量、用水规律、用水点分布、热源情况、水加热设备、用水要求、管网布置、循环方式以及运行管理条件等的不同而有所不同。试结合本节内容，阐述集中热水供应系统的适用范围以及优缺点是什么？

2. 按照热水管网的循环方式分类

为保证热水管网中的水随时保持一定温度，热水管网除了配水管道外，还应根据具体情况和使用要求设置不同形式的回水管道，以便当配水管道停止配水时，管网中仍维持一定的循环流量，以补偿管网热损失，防止温度降低太多，影响用户随时用热水的需要。常用的热水管网循环方式有全循环热水供应方式、半循环热水供应方式和非循环热水供应方式。

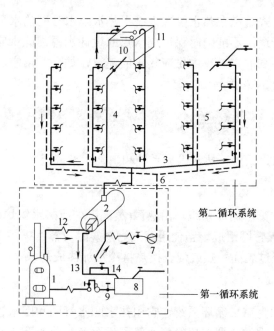

图 3-1　集中热水供应方式

1）全循环热水供应方式

全循环热水供应方式是指热水供应系统中热水配水管网的水平干管、立管及支管均设置回水管道以确保热水循环，各配水龙头随时打开均能提供符合设计水温要求的热水。该系统应设置循环水泵，用水时不存在使用前放凉水和等时间的现象。该系统适用于对水温要求严的建筑，如高级宾馆、饭店、高级住宅等高标准的建筑，如图 3-2(a) 所示。

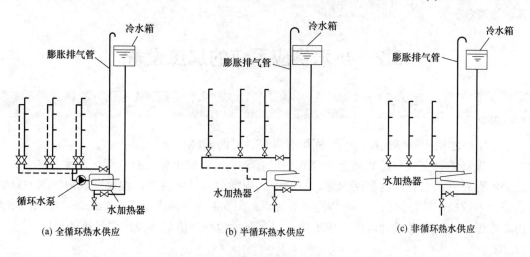

(a) 全循环热水供应　　(b) 半循环热水供应　　(c) 非循环热水供应

图 3-2　按热水管网循环方式分类

2) 半循环热水供应方式

半循环热水供应方式是指只在热水干管设置回水管，只能保证干管中的热水设计温度。它比全循环系统节省管材，适用于水温要求不太严格的建筑，如图3-2(b)所示。

3) 非循环热水供应方式

非循环热水供应方式是指在热水供应系统中热水配水管网的水平干管、立管、配水支管都不设置任何回水管道，不能随时保证配水点的设计水温。此供应方式适用于热水供应系统较小、使用要求不高的定时集中供应热水的建筑，如公共浴室、洗衣房、某些工厂生产用热水等场合，如图3-2(c)所示。

3.1.2 建筑热水系统的组成

热水系统一般由热媒系统、热水供应系统和附件3部分组成。

加热设备图.docx

1. 热媒系统

热水制备系统又称第一循环系统，由热源(蒸汽锅炉或热水锅炉)、水加热器(汽—水或水—水热交换器)和热媒管网组成。当使用蒸汽为热媒时，蒸汽锅炉生产的蒸汽通过热媒管网输送到热交换器中经过表面换热或混合换热将冷水加热成热水。

2. 热水供应系统

热水供应系统又称为第二循环系统，它由热水配水管网和回水管网组成。被加热到设计要求温度的热水，从水加热器出口经配水管网送至各个热水配水点，而水加热器所需冷水则由高位水箱或给水管网补给。在各立管和水平干管甚至配水支管上设置回水管，其目的是使一定量的热水流回加热器重新加热，补偿配水管网的热损失，保证各配水点的水温。

3. 附件

由于热媒系统和热水供应系统中控制、连接和安全的需要，常使用一些附件，有安全阀、减压阀、闸板阀、自动排气阀、疏水器、自动温度调节装置、膨胀罐、管道自动补偿器、水嘴等。

3.2 热水供应系统的加热设备

3.2.1 小型锅炉

集中热水供应系统采用的小型锅炉有燃煤、燃油和燃气3种。

燃煤锅炉有立式和卧式两类。立式锅炉有横水管、横火管、直水管、弯水管之分，卧式锅炉有外燃回水管、内燃回水管、快装卧式内燃等几种。其中，快装卧式内燃(KZG型)锅炉效率较高，具有体积小、安装简单等优点，图3-3为其构造示意图，该锅炉可以汽水两用。燃煤锅炉使用燃料价格低，成本低，但存在烟尘和煤渣对环境产生污染的问题。

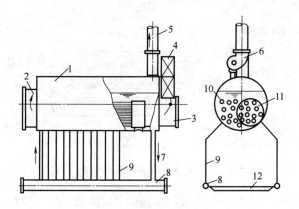

图 3-3 快装锅炉构造示意图

1—锅炉；2—前烟箱；3—后烟箱；4—省煤器；5—烟囱；6—引风机；

7—下降管；8—联箱；9—水冷壁；10—第 2 组烟管；11—第 1 组烟管；12—炉壁

使用液体燃料的锅炉称为燃油锅炉或油炉，燃油炉属于悬浮燃烧炉型的一种。常用液体有重油和渣油。液体燃料的发热量很高，一般在 36800～41800kJ/kg，又容易着火，燃烧迅速而稳定。因此燃烧很完全。液体燃料在运输、储存和对周围环境的污染方面，都比固体燃料要强。

燃油锅炉的运行调节比较灵活，也容易实行机械化和自动化。由于燃油中灰尘极少，不会对受热面产生磨损，所以对燃油炉的对流受热面可以采用较高的烟气流速，一般可达到 20～39m/s，以提高传热效果，缩小锅炉体积，降低锅炉的耗钢量。燃油锅炉房一般无须设置除尘设备，也减少了锅炉房的投资和运行费用。

燃油和燃气是通过燃烧器向正在燃烧的炉膛内喷射成雾状油或煤气，使燃烧迅速、完全，具有热效率高、排污总量少的特点。

3.2.2 水加热器

水加热器是间接加热方式中的加热设备。长期以来，我国采用的间接加热设备主要是传统的容积式水加热器。近年来，新型加热设备不断涌现，容积式、快速式、半容积式、半即热式水加热器相继问世。

(1) 容积式水加热器：容积式水加热器是内部设有热媒导管的热水储存容器，具有加热冷水和储备热水两种功能，热媒为蒸汽或热水，且有卧式、立式之分。图 3-4 所示为卧式容积式水加热器构造示意图，其容积为 0.5～15m³，换热面为 0.86～50.82m²，有 10 种型号，这种水加热器在过去使用较为普遍；立式容积式水加热器容积为 0.53～4.28m³，换热面为 1.42～6.46m²。

容积式水加热器的优点是具有较大的储存和调节能力，被加热水通过时压力损失较小，用水点处压力变化平衡，出水水温较为稳定。但在该加热器中，被加热水流速缓慢，传热系数小，热交换效率低，且体积庞大占用过多的建筑空间，在热媒导管中心线以下约有30%的储水容积是低于规定水温的常温水或冷水，所以储罐的容积利用率也很低。通常把这种层叠式的加热方式称为"层流加热"。

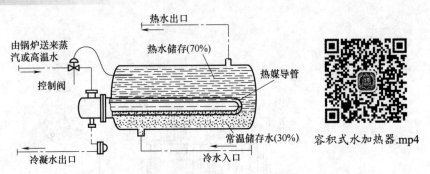

容积式水加热器.mp4

图3-4　容积式水加热器构造示意图(卧式)

(2) 快速式水加热器：针对容积式水加热器中"层流加热"的弊端，出现了"紊流加热"理论：通过提高热媒和被加热水的流动速度，来增加热媒对管壁、管壁对被加热水的系统传热，以改善传热效果。快速式水加热器就是热媒与被加热水通过较大速度的流动进行快速换热的一种间接加热设备。

根据热媒的不同，快速式水加热器有汽—水和水—水两种类型，前者热媒为蒸汽，后者热媒为过热水；根据加热导管的构造不同，又有单管式、多管式、板式、管壳式、波纹板式、螺旋板式等多种形式。图3-5所示为多管式汽—水快速式水加热器。图3-6所示为单管式汽—水快速式水加热器，它可以多组并联或串联，这种水加热器是将被加热水通入导管内，热媒(即蒸汽)在壳体内散热。

多管式汽-水快速式加热器.mp4

快速式水加热器具有效率高、体积小、安装搬运方便的优点；缺点是不能储存热水，水头损失大，在热媒或被回热水压力不稳定时，出水温度波动较大，仅适用于用水量大，而且比较均匀的热水供应系统或建筑物热水采暖系统。

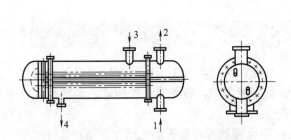

图3-5　多管式汽—水快速式加热器

1—冷水；2—热水；3—蒸汽；4—凝结水

(a) 串联　　　(b) 并联

图3-6　单管式汽—水快速式水加热器

1—冷水；2—热水；3—蒸汽；4—凝结水

(3) 半容积式水加热器：半容积式水加热器是带有适量储存与调节容积的内藏式容积式水加热器，是由英国引进的设备。其原装设备的基本构造包括贮热水罐、内藏式快速换热器和内循环泵 3 个主要部分。其中，贮热水罐与快速换热器隔离，被加热水在快速换热器内迅速加热后，通过热水配水管进入贮热水罐，当管网中热水用水低于设计用水量时，热水的一部分落到贮热水罐底部，与补充水(冷水)一道经内循环泵升压后再次进入快速换热器加热。内循环泵的作用有 3 个：第一，提高被加热水的流速，以增大系统传热和换热能力；

第二，克服被加热水流经换热器时的阻力损失；第三，形成被加热水的连续内循环，消除了冷水区或温水区而使储罐容积的利用率达到 100%。内循环泵的流量根据不同型号的加热器而定，其扬程为 20～60kPa。

【案例 3-2】

回顾热水锅炉的发展历史，可以说，目前我国热水锅炉产品的研制已经达到了比较成熟与完善的阶段。20 世纪 60 年代初，当人们认识到热水供暖的优点与热水锅炉的运行安全性比蒸汽锅炉具有诸多优越性时，最初的热水锅炉是由蒸汽锅炉改装而成的。我国自行设计、制造的第一代热水锅炉是 20 世纪 70 年代初，由上海工业锅炉研究所研发的"快装锅炉"。"快装锅炉"具有体积小，制造、运输、安装简单的特点，受到用户的广泛欢迎，从而极大地推动了我国蒸汽锅炉供暖改为热水锅炉供暖的更新换代过程。同时期先后开发研制的"管架式强制循环热水锅炉"及"长短锅筒水管锅炉"也得到了广泛的应用。近年来出现的"角管锅炉"及大容量"Ⅰ"型布置水管锅炉，更加增多了我国热水锅炉的炉型品种。经过大量的、丰富的运行实践的检验，我国热水锅炉的发展日趋完善和成熟。近年来出现的锅壳式螺纹烟管水火管锅炉，便是有力的证明。结合本章内容，分析热水锅炉的运作原理。

3.3　热水供应系统管道的布置与敷设

3.3.1　热水供应系统管道的布置

热水供应系统管道的布置可采用下行上给式或上行下给式。图 3-7 所示为同程式全循环下行上给式管道布置示意图，图 3-8 所示为异程式自然循环上行下给式管道布置示意图。

热水管道图.docx

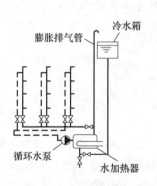

图 3-7　同程式全循环下行上
给式管道布置示意图

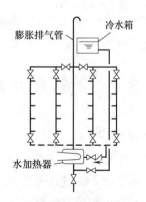

图 3-8　异程式自然循环上行下
给式管道布置示意图

音频　热水管道的
布置.mp3

下行上给式水平平管可布置在地沟内或地下室内，但不允许直接埋地。水平干管尤其是管材线膨胀系数大的干管要设补偿器，并在最高配水点处排气，方法是循环立管应在最高配水点下约 0.5m 处与配水立管连接。为便于排气和泄水，热水横管均应有与水流方向相反的坡度，坡度应大于或等于 0.003，并在管网最低处设泄水阀门，以便检修。

上行下给式水平干管可布置在顶层吊顶内或顶层下，并有与水流方向相反的大于或等

于 0.003 的坡度,最高点设排气阀。

3.3.2 热水管网的敷设

热水管网的敷设分明装和暗装两种形式。明装就是管道沿墙、梁、柱、天棚、地面等暴露敷设。暗装就是将管道在管道竖井或预留沟槽内隐蔽敷设。热水立管与横管连接处,为避免管道伸缩破坏,用乙字弯连接。

热水管在穿楼板、墙和建筑物基础处应设套管,穿墙套管两端与墙体装饰面平齐,卫生间、厨房的立管套管应高出装饰地面 50mm,其他房间高出装饰地面 20mm。为调节流量和检修的需要,在配水、回水干管的端点处均应设阀门。为防止加热器内水倒流被泄空而造成安全事故和防止冷水进入热水系统影响配水点的供水温度,应在加热器的冷水供水管和机械循环第二循环回水管上装设单向阀。

【案例 3-3】

济南市从 1983 年开始实施集中供热,在集中供热管网建设初期,由于城区内工业用汽量较大,在建设过程中考虑了工业用汽,铺设了大量的蒸汽管网。例如济南的北郊、明湖热电厂最初的热源都主要满足工业用汽。因此,在济南最初开始供暖的时候,实际上是以工业为主,民用为辅。但是随着城市发展战略的调整,尤其是 20 世纪 90 年代至今这段时间,大型工业企业相继破产以及企业工厂撤离市区,城区的工业用汽日渐萎缩,而在此期间随着居民生活水平的提高,居民用汽量大幅增加,城区新增的热源也多是满足居民供暖需求,而不再是为工业提供配套服务。

随着国家节能减排力度的加大,以及居民对供暖质量要求的提高,过去服务工业需求的蒸汽管网在民用过程中暴露出了热源传输距离短、中途热损耗大等缺点,因此"汽改水"工程应运而生。因此可以说,"汽改水"工程的实施也见证了济南这座城市的历史变迁。随着城市的发展,济南市已经明确提出,今后再建供热管网将以水网为主。

结合本节内容,试分析热水管网的敷设方法以及相比蒸汽管网的优点有哪些?

3.4 建筑热水制图的一般规定

1. 单张图纸的识读技巧

识读单张图纸首先要搞清楚识读的是什么图,因为每一类图纸反映的信息和作用是不一样的。先看标题栏:了解图纸的名称、比例等,还要注意每幅图形下面的文字说明和比例,在一张图上,各图形并非是按相同比例绘制的。根据方向标搞清建筑方位。

识读图形,一般要先搞清楚图例所表现的设备种类和安装方法、位置,对管线的识读要根据识读目的确定起始点,然后顺藤摸瓜识读管道的走向,对管道的转弯符号和断口符号要特别给予注意。同时根据图纸绘制的深度,尽可能了解管径、流向、管道安装尺寸、标高、材质等这样的信息;识读时对线型与管道编号要特别注意。

识读附件和技术数据,了解管道和设备上所安装的阀门、阀件、其他设备、仪表设备等的种类,安装位置,相互关系等,了解这些设备以及安装中所标注的主要技术数据(如承受压力、温度、测量范围等)。

识读图上所标注的各类符号，如剖切符号、坡度、支架符号、节点符号、详图索引符号等。一张图纸不能完整地反映全部施工内容，识图过程中必然会提出许多问题，它们可以根据图纸的提示从另外的图纸中找到答案。有时也可能出现图形绘制错误，这也需要依靠相关图纸以及施工经验去判断、修正。

2. 图例

建筑热水施工图中的设备要求采用统一的图例符号来表示，如表 3-1 所示。

建筑热水施工图.mp4

表 3-1　建筑热水制图常用图例

名　称	图　例	备　注
管道立管	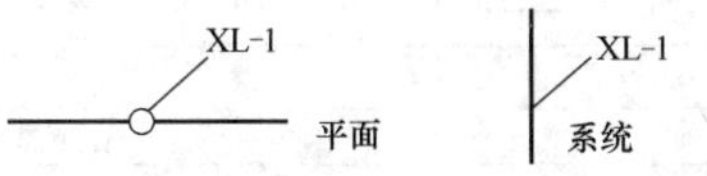 XL-1 平面　　XL-1 系统	X 为管道类别 L 为立管 1 为编号
立管检查口	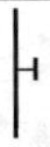	
管道连接	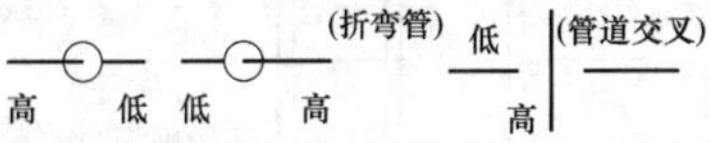 (折弯管) 高 低 低 高　(管道交叉) 低 高	管道交叉在下面和后面的管道应断开
存水弯	 S形　　P形	
闸阀		
角阀	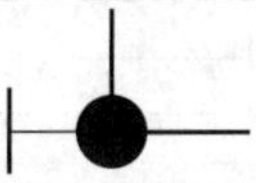	
止回阀	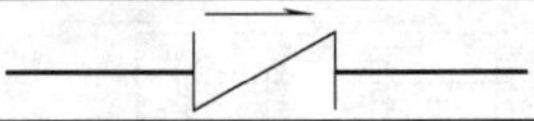	
水嘴	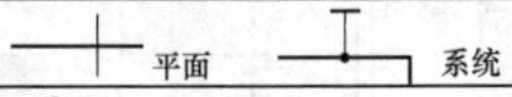 平面　　系统	
浴盆带喷头混合水嘴		
台式洗脸盆	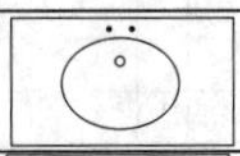	
浴盆		
污水池	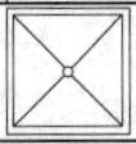	
淋浴喷头	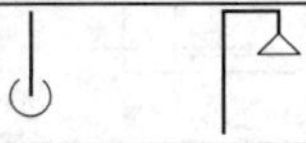	

3.5　建筑热水施工图识读

建筑热水施工图的识读以某高层饭店热水施工图为例，如图 3-9 所示。该饭店建筑面积为79800 m²，地下2层，地上28层(不含技术层)，地面上总高度为99.7m。地下室设有洗衣房、冷库、厨房、储藏室、职工更衣室、淋浴室、职工食堂、冷冻机房、换热站和泵房。地上1～2层为裙房，以公共用房为主，设有休息大厅、宴会大厅、多功能厅、餐厅、商店、游泳池、健身房、厨房、电话总机房、消防控制中心和内部办公用房等。3～24层为客房，共计978间，设计床位1899张，客房内的卫生间设有坐便器、浴盆、洗脸盆和饮用水龙头。在主楼的2层与3层之间(称2夹层)和东西两侧的顶房(称21夹层及24夹层)有两个层高为2.2m的设备层。

音频 建筑热水管道
识图技巧.mp3

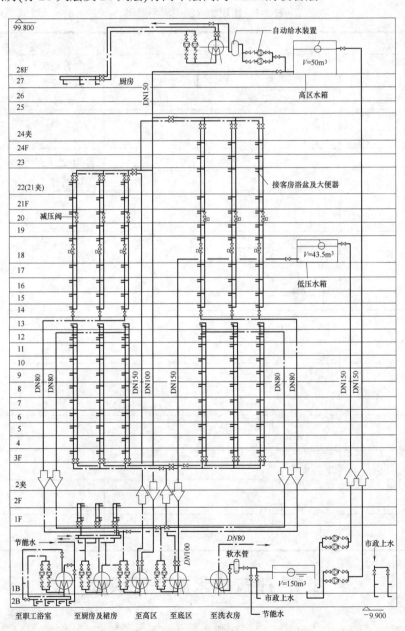

图 3-9 热水供应系统

本章小结

    本章主要讲授了建筑热水系统的基础知识，建筑热水系统的分类与组成，热水供应系统的常见加热设备，热水管道的布置与敷设方法，建筑热水系统施工图的识读与施工方法。学生通过对本章内容的学习，可以掌握建筑热水系统的施工工艺，为进一步学习设备安装工程打下基础。

实训练习

一、单选题

1. 室内局部热水供应系统的特点是(   )。

    A. 供水范围小   B. 热损失大   C. 热水管路长   D. 热水集中制备

2. 集中热水供应系统常用于哪个系统？(   )

    A. 普通住宅   B. 高级居住建筑、宾馆

    C. 居住小区   D. 布置分散的车间

3. 集中热水供应系统的主要组成不包括(   )。

    A. 热媒系统   B. 热水供应系统   C. 吸气阀   D. 附件

4. 一个完整的热水供应系统的组成不包括(   )。

    A. 第一循环系统(热媒系统)   B. 第二循环系统(热水供应系统)

    C. 附件   D. 凝结水管道

5. 利用热媒通过水加热器把热量传递给冷水，把冷水加热到所需的温度，而热媒在整个加热过程中与被加热水不直接接触的加热方式是(   )。

    A. 直接加热   B. 间接加热   C. 复合式加热   D. 电能加热

二、填空题

1. 给水管网系统中调节水量、水压，控制水流方向，关断水流等各类装置的总称是(   )。

2. 热媒通过传热面传递热量加热冷水的方式叫(   )。

3. 在管道系统中起连接、变径、转向、分支等作用的零件是(   )。

4. 冷水在锅炉中直接加热或者将蒸汽或热水直接与被加热的冷水混合的加热方式是(   )。

5. 一个完整的热水供应系统应该由(   )、(   )、(   )组成。

三、简答题

1. 热水供应系统按热水供应的范围大小分为哪几种系统？

2. 什么是直接加热方式？什么是间接加热方式？简述其适用条件。

3. 开水的供应方式有哪几种？

4. 热水供应方式有哪几种形式？

5. 安装水表时应注意什么？

第3章习题答案.doc

实训工作单 1

班级		姓名		日期	
教学项目	现场参观热水供应系统				
任务	了解热水供应系统的加热设备		观察学习	锅炉和水加热器的学习	
相关知识	热水供应系统的基本知识				
其他项目					
现场过程记录					
评语			指导老师		

实训工作单 2

班级		姓名		日期	
教学项目		建筑热水施工图的识读			
学习项目	施工图的识读技巧		学习要求	掌握建筑热水施工图的识读方法	
相关知识	建筑热水系统施工图识读基本知识				
其他项目					

现场过程记录

评语			指导老师	

第4章 建筑供暖系统

【教学目标】

1. 了解建筑供暖系统的基本概念。
2. 了解垂直式热水供暖系统。
3. 掌握自动循环热水供暖系统。
4. 掌握建筑供暖系统的施工工艺。

【教学要求】

第4章.pptx

本章要点	掌握层次	相关知识点
建筑供暖系统概述	1. 了解建筑供暖系统的概念 2. 了解建筑供暖系统的分类 3. 理解建筑供暖系统的组成	1. 供暖系统的基本概念 2. 供暖系统的分类 3. 供暖系统的组成
热水供暖系统	1. 了解常见的热水供暖系统 2. 掌握自动循环热水供暖系统	1. 机械循环热水供暖系统 2. 自动循环热水供暖系统 3. 低压蒸汽采暖系统
供暖系统管道的布置与敷设	1. 了解供暖系统管道的布置 2. 掌握供暖管道的敷设方法	1. 管网的布置原则 2. 管网的布置与敷设
建筑供暖系统施工图的识读	1. 了解供暖系统制图的一般规定 2. 掌握供暖系统施工图的识读方法	1. 供暖系统图的识读 2. 供暖施工图的内容

【案例导入】

　　某办公大楼有地下1层，地上5层，楼高20.50m，建筑面积7331.20m²，主要房间为办公室、活动室、空调机房、消防控制室、配电室和车库等。在冬季，人们用一定的方法向房间补充热量，以维持房间的热平衡来保证日常生活、工作和生产活动所需要的环境温度。

【问题导入】

　　结合案例，试分析建筑供暖系统在人们日常生活中的重要作用。

4.1 建筑供暖系统概述

室内温度高于室外温度时，室内的热量就会通过墙壁、门窗、屋顶和地板等房屋围护结构不断地传向室外，造成室内热量损耗；同时，室外的冷空气通过门窗缝隙及开启的外门进入室内，也要消耗室内的热量。因此，必须对房屋补充热量以补偿各种热量损耗，才能维持室内的温度，使之符合人们的生活及生产要求。这种向室内供给热量的工程设备，叫作供暖系统。

建筑供暖系统图.docx

4.1.1 供暖系统的分类

1. 按照供暖系统的作用范围分类

1) 局部供暖系统

局部供暖系统是将热源、输热管道和散热设备在构造上成为一个整体的系统，如火炕、火墙、电暖器、燃气暖器等。

2) 集中供暖系统

集中供暖系统是指热源远离供暖房间，利用输热管道将热媒送到一幢或几幢建筑物的供暖系统。它是当前最普遍采用的供暖系统，如图4-1所示。

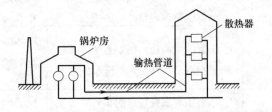

图4-1 集中供暖系统示意图

音频 供暖系统分类.mp3

3) 区域供暖系统

区域供暖系统是以区域锅炉房或热电厂为热源，通过输热管道将热媒送到一个区域建筑物的供暖系统。

2. 按照供暖的热媒分类

1) 烟气供暖系统

它是以燃料燃烧时产生的烟气为热媒，将热量带给散热设备的供暖系统，如火炕、火墙。

2) 热水供暖系统

它是以热水为热媒，将热量带给散热设备的供暖系统。它又分低温热水供暖系统(供水温度95℃，回水温度70℃)和高温热水供暖系统(供水温度高于100℃)。

3) 蒸汽供暖系统

它是以蒸汽为热媒，将热量带给散热设备的供暖系统。它又分低压蒸汽供暖系统(蒸汽的相对压力小于70kPa)和高压蒸汽供暖系统(蒸汽的相对压力等于或大于70kPa)。

4) 热风供暖系统

它是利用风机内装设的加热器将空气加热，然后直接送入室内的供暖系统。

本章重点讲述住宅和公共建筑普遍采用的集中低温热水供暖系统。

4.1.2 供暖系统的组成

供暖系统主要由热源、输热管道及散热设备三部分组成。

热源是使燃料产生热能，并将热媒(将热量从热源携带到散热设备去的物质，如水、蒸汽等)加热到一定温度，如锅炉、加热器等。

输热管道是热源和散热设备之间的管道。热媒通过它将热量从热源输送到散热设备。它又分室外输热管道和室内供暖系统。

散热设备是将热量散入室内的设备，如散热器(暖气片)、辐射板等。

【案例4-1】

供暖就是用人工的方法向室内供给热量，使室内保持一定的温度，以创造适宜的生活条件或工作条件的技术。供暖系统的基本工作原理：低温热媒在热源中被加热，吸收热量后，变为高温热媒(高温水或蒸汽)，经输送管道送往室内，通过散热设备放出热量，使室内的温度升高；散热后温度降低，变成低温热媒(低温水)，再通过回收管道返回热源，进行循环使用。如此不断循环，从而不断地将热量从热源送到室内，以补充室内的热量损耗，使室内保持一定的温度。结合本节内容简要概述建筑供暖系统的三个重要组成部分。

4.2 热水供暖系统

4.2.1 热水供暖系统的分类

1. 按热水供暖循环动力分为自然循环系统和机械循环系统

靠供、回水的密度差进行循环的系统，称为自然循环系统。靠机械力即水泵进行循环的系统，称为机械循环系统。

热水供暖系统图.docx

2. 按有无立管分为垂直式系统和水平式系统

垂直式系统按供、回水干管所处位置分为上供下回式、下供下回式、中供下回式和下供上回式。

水平式系统按供水管与散热器的连接方式同样可分为顺流式和跨越式。

音频 热水供暖系统的
分类.mp3

3. 按散热器供、回水方式的不同分为单管系统和双管系统

单管系统又分单管顺流式和单管跨越式。热水依次流入各组散热器放热冷却，之后流回热源的单管，称为单管顺流式。沿着供给散热器热水流动方向，第一个散热的热水由供热水管直接供给，其后各散热器中的热水由两部分组成，一部分由供热水管直接供给，

机械循环系统.mp4

另一部分是前面散热器放热后流出的热水，这种方式称为单管跨越式。

热水经供水立管或水平供水管平行地分配给各组散热器，冷却后的回水自每个散热器直接沿回水立管或水平回水管流回热源的系统，称为双管系统。

4.2.2 自然循环热水供暖系统

1. 自然循环热水供暖的工作原理

图 4-2 是自然循环热水供暖系统的工作原理图。在图 4-2 中假设整个系统只有一个放热中心 1(散热器)和一个加热中心 2(锅炉)，用供水管 3 和回水管 4 把锅炉与散热器相连接。在系统的最高处连接一个膨胀水箱 5，用它容纳水在受热后膨胀而增加的体积和排出系统中的空气。

在系统工作之前，先将系统中充满冷水。当水在锅炉内被加热后，密度减小，同时受从散热器流回密度较大的回水的驱动，热水沿供水总立管上升，流入散热器。在散热器内水被冷却，再沿回水干管流回锅炉。这样形成如图 4-2 箭头所示方向的循环流动。假设循环环路内，水温只在锅炉(加热中心)和散热器(冷却中心)两处发生变化，又假想在循环环路最低点的断面 A—A 处有一个阀门，若突然将阀门关闭，则在断面 A—A 两侧受到不同的水柱压力。这两侧所受到的水柱压力差就是驱使水在系统内进行循环流动的作用压力。

若 $P_右$ 和 $P_左$ 分别表示 $A-A$ 断面右侧和左侧的水柱压力，则

$$P_右 = g(h_0\rho_h + h\rho_h + h_1\rho_g)\,(\text{Pa}) \tag{4-1}$$

$$P_左 = g(h_0\rho_h + h\rho_g + h_1\rho_g)\,(\text{Pa}) \tag{4-2}$$

断面 $A-A$ 两侧之差值即系统的循环作用压力为

$$\Delta P = P_右 - P_左 = gh(\rho_h - \rho_g)\,(\text{Pa}) \tag{4-3}$$

式中：ΔP 为自然循环系统的作用压力，Pa；g 为重力加速度；h 为冷却中心至加热中心的垂直距离，m；ρ_h 为回水密度，kg/m^3；ρ_g 为供水密度，kg/m^3。

自然循环热水供暖的优点是：不设水泵，不耗电能，无噪声，装置简单，操作维护也简单。其缺点是：由于系统上的作用压力小，故作用半径<50m，且管径大。为了提高循环系统的作用压力，应使散热器中心与锅炉中心的高差 h 不小于 $2.5 \sim 3.0\,\text{m}$。自然循环热水供暖仅适用于四层以下，供热面积小，且有地下室或半地下室或较低处能布置锅炉的建筑。

自然循环作用压力在机械循环热水供暖系统中也存在。尽管压力很小，但它是引起机械循环供暖系统垂直失调的重要原因之一。

2. 双管系统中不同高度散热器环路的作用压力

在自然循环上供下回单管顺流式热水供暖系统中，由于立管上的散热器是串联，所以一根立管上所有散热器只有一个共同的自然循环作用水头，故不会产生上热下冷的垂直失调现象。然而在双管系统中却截然不同。

在如图 4-3 的双管系统中，由于供水同时在上、下两层散热器内冷却，形成了两个并联环路($l-a-S_2-b-l$ 和 $l-a-S_1-b-l$)和两个冷却中心。它们的作用压力分别为

$$\Delta_{P1} = gh_1(\rho_h - \rho_g)\,(\text{Pa}) \tag{4-4}$$

$$\Delta_{P2} = g(h_1 + h_2)(\rho_h - \rho_g) = \Delta_{P1} + gh_2(\rho_h - \rho_g)\,(\text{Pa}) \tag{4-5}$$

式中：Δ_{P1} 为通过底层散热器 S_1 环路的作用压力，Pa；Δ_{P2} 为通过底层散热器 S_2 环路的作用压力，Pa。

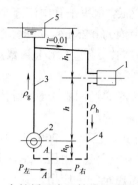

图4-2 自然循环中双管系统的循环压力

1—散热器；2—热水锅炉；3—供水管路；

4—回水管路；5—膨胀水箱

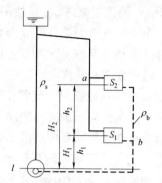

图4-3 自然循环热水供暖系统工作原理图

由式(4-5)可见，通过上层散热器环路的作用压力比通过底层散热器的大，其差值为 $gh_2(\rho_h - \rho_g)$ Pa。

由此可见，在双管系统中，由于各层散热器与锅炉的高差不同，虽然进入和流出各层散热器的供、回水温度相同(不考虑管路沿途冷却的影响)，也将形成上层作用压力大、下层作用压力小的现象。如选用不同管径仍不能使各层阻力损失达到平衡，由于流量分配不均，必然要出现上热下冷的现象。

在供暖建筑物内，同一竖向各层房间的室温不符合设计要求的温度，而出现上、下层冷热不均的现象，通常称作系统垂直失调。由此可见，双管系统的垂直失调，是由于通过各层的循环作用压力不同而出现的，而且楼层数越多，上下层的作用压力差值越大，垂直失调就会越严重。

3. 自然循环热水供暖系统的主要形式

自然循环热水供暖系统的主要形式有双管上供下回式和单管顺流及跨越式两种，如图4-4所示。

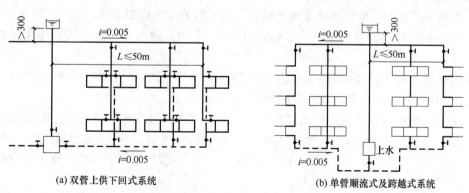

(a) 双管上供下回式系统   (b) 单管顺流式及跨越式系统

图4-4 自然循环供暖系统

上供下回式自然循环热水供暖系统管道布置的一个主要特点是：系统的供水干管必须有向膨胀水箱方向上升的坡向，其坡度为 0.5%～1.0%。散热器支管的坡度一般取 1%，沿水流方向下降。这是为了使系统内的空气能顺利地排出，因系统中若积存空气，就会形成

气塞，影响水的正常循环。在自然循环系统中，水的流速较低，水平干管中流速小于 0.2m/s；而在干管中空气气泡的浮升速度为 0.1～0.2 m/s，在立管中约为 0.25m/s。因此，在上供下回自然循环热水供暖系统充水和运行时，空气能逆着水流方向，经过供水干管聚集到系统的最高处，通过膨胀水箱排出。

为使系统顺利地排出空气和在系统停止运行或检修时能通过回水干管顺利地排水，回水干管应有沿水流向锅炉方向的向下坡度。

自然循环热水供暖系统是最早采用的一种热水供暖方式，已有约 200 年的历史，至今仍在应用。它装置简单，运行时无噪音和不消耗电能。但由于其作用压力小，管径大，作用范围受到限制。重力循环热水供暖系统通常只能在单幢建筑物中应用，其作用半径不宜超过 50m。

4.2.3　机械循环热水供暖系统

机械循环热水供暖系统与自然循环热水供暖系统的主要差别是：①在系统中设置有循环水泵，靠水泵的机械能，使水在系统中强制循环；②由于水泵所产生的作用压力很大，因而供暖范围可以扩大，它不仅可用于单幢建筑物中，也可用于多幢建筑中，甚至可发展为区域热水供暖系统。

机械循环热水供暖系统主要有垂直式系统和水平式系统两大类。

1. 垂直式系统

垂直式系统按供、回水干管布置位置的不同，有下列几种形式：①上供下回式热水供暖系统；②下供下回式热水供暖系统；③中供式热水供暖系统；④下供上回式(倒流式)热水供暖系统；⑤异程式系统与同程式系统。

1) 上供下回式热水供暖系统

这种系统在热水供暖系统中得到了广泛的应用。它由锅炉、输热管道、水泵、散热器以及膨胀水箱等组成。图 4-5 是机械循环上供下回式热水供暖系统简图。在这种系统中，主要依靠水泵所产生的压头使水在系统内循环。水在锅炉 1 中被加热后，沿总立管 5、供水干管 6、供水立管 7，流入散热器 8，放热后沿回水立管 9、回水干管 10，被循环水泵 2 送回锅炉。

在机械循环热水供暖系统中，为了顺利地排出系统中的空气，供水干管应沿水流方向有向上 0.003 的坡度，并在供水干管的最高点设置集气罐。

在这种系统中，水泵装在回水干管上，并将膨胀水箱连在水泵吸入端。膨胀水箱位于系统最高点，它的作用主要是容纳水受热膨胀后增加的体积。当将膨胀水箱连在水泵吸入端时，它可使整个系统处于正压(高于大气压)下工作，这就保证了系统中的水不致汽化，从而避免了因水汽化而中断水的循环。

图 4-5 中立管 I 和 II 是双管式系统，立管 III 是单管顺流式系统，立管 IV 是单管跨越式系统，立管 V 是跨越式与顺流式相结合的系统。

对一些要求室温波动很小的建筑(如高级旅馆等)，可在双管和单管跨越式系统散热器支管上设置室温调节阀。

在图 4-5 所示的立管 I 和 II 双管上供下回式热水供暖系统中，水在系统内循环，除主要依靠水泵所产生的压头外，同时也存在着自然压头，它使流过上层散热器的热水量多于实际需要量，并使流过下层散热器的热水量少于实际需要量，从而造成上层房间温度偏高，下层房间温度偏低。当楼层越高时，这种现象就越严重。由于上述原因，双管系统不宜在四层以上的建筑物中采用。

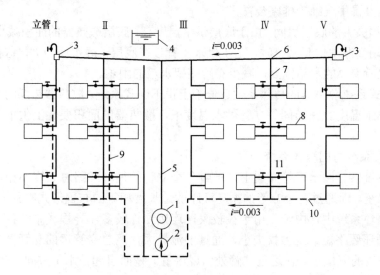

图4-5 上供下回式热水供暖系统

1—热水锅炉；2—循环水泵；3—集气装置；4—膨胀水箱；5—总立管；6—供水干管；
7—供水立管；8—散热器；9—回水立管；10—回水干管；11—温度调节阀

2) 下供下回式热水供暖系统

系统的供水和回水管都敷设在底层散热器下面。在设有地下室的建筑物，或在平屋顶建筑顶棚下难以布置供水干管的场合，常采用下供下回式系统，如图4-6所示。

与上供下回式系统相比，它有如下特点。

(1) 在地下室布置供水干管，管路直接散热给地下室，无效热损失小，可减轻上供下回式双管系统的竖向失调。

(2) 在施工中，每安装好一层散热器即可供暖，给冬季施工带来了很大方便。

(3) 排出系统中的空气较困难。下供下回式系统排出空气的方式主要有两种：通过顶层散热器的放手气阀手动分散排气，或通过专设的空气管手动或自动集中排气。

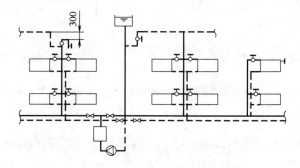

图4-6 下供下回式热水供暖系统

3) 下供上回式(倒流式)热水供暖系统

该系统的供水干管设在下部,而回水干管设在上部,顶部还设置有膨胀水箱,如图4-7所示。立管布置主要采用顺流式。倒流式系统具有如下特点。

(1) 水在系统内的流动方向是自下而上流动,与空气流动方向一致。可通过膨胀水箱排出空气,无须设置集气罐等排气装置。

(2) 对热损失大的底层房间,由于底层供水温度高,底层散热器的面积减少,便于布置。

(3) 当采用高温水供暖系统时,由于供水干管设在底层,静水压力大,这样可减小为防止高温水汽化所需要的水箱标高,减少布置高架水箱的困难。

(4) 倒流式系统散热器的传热系数远低于上供下回式系统。散热器热媒的平均温度几乎等于散热器出水温度。在相同的立管供水温度下,散热器的面积要比上供下回顺流式系统的面积增多。

4) 异程式系统与同程式系统

在供暖系统供、回水干管布置上,通过各个立管的循环环路总长度不相等的布置形式称为异程式系统。而通过各个立管的循环环路的总长度相等的布置形式则称为同程式系统。

在机械循环系统中,由于作用半径较大,连接立管较多,异程式系统各立管循环环路长短不一。循环环路短,压力损失小,通过的流量大;离总立管远的立管循环环路长,压力损失大,通过的流量小。在远近立管处出现流量失调而引起在水平方向冷热不均的现象,称为系统的水平失调。

为了消除或减轻系统的水平失调,可采用同程式系统。如图4-8所示,通过最近处立管的循环环路与通过最远处立管的循环环路的总长度都相等,因而压力损失易于平衡。由于同程式系统具有上述优点,在较大的建筑物中,常采用同程式系统。但同程式系统管道的金属消耗量要多于异程式系统。

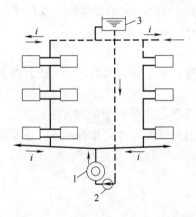

图 4-7　下供上回式热水供暖系统

1—热水锅炉;2—循环水泵;3—膨胀水箱

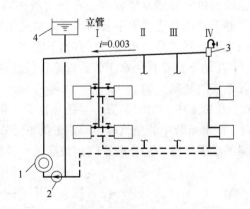

图 4-8　同程式系统

1—热水锅炉;2—循环水泵;3—集气罐;4—膨胀水箱

2. 水平式系统

水平式系统按供水管与散热器的连接方式同样可分为顺流式(见图 4-9(a))和跨越式(见图 4-9(b))两类。

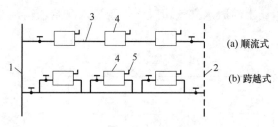

图 4-9　单管水平式

1—供水立管；2—回水立管；3—横支管；4—散热器；5—放气阀

水平式系统的排气方式要比垂直式上供下回系统复杂。它需要在散热器上设置放气阀分散排气，或在同一层散热器上部串联一根空气管集中排气。对较小的系统，可用分散排气的方式。对散热器较多的系统，宜采用集中排气方式。

水平式系统与垂直式系统相比，具有如下优点。

(1) 系统的总造价，一般要比垂直式系统低。

(2) 管路简单，无穿过各层楼板的立管，施工方便。

(3) 有可能利用最高层的辅助空间(如楼梯间、厕所等)架设膨胀水箱，不必在顶棚上专设安装膨胀水箱的房间。

(4) 对一些各层有不同使用功能或不同温度要求的建筑物，采用水平式系统，更便于分层管理和调节。

(5) 水平式系统用于公共建筑，如果水平管线过长，容易因胀缩引起漏水。因此要在某两个散热器之间加乙字弯管补偿器或方形补偿器。

【案例 4-2】

热水采暖系统一般由热水锅炉、散热器、供水管道、回水管道和膨胀水箱等组成，广泛应用在民用建筑和公共建筑以及工矿企业的厂房中。按热媒参数分为低温(热媒温度低于100℃)系统和高温(热媒温度高于 100℃)系统；按循环动力分为自然循环系统和机械循环系统；按系统的每组立管根数分为单管系统和双管系统；按系统的管道铺设方式分为垂直式系统和水平式系统。

结合本章内容，阐述自动循环热水供暖系统与机械循环热水供暖系统的区别以及各自系统的特点。

4.2.4　其他形式的供暖系统

1. 低压蒸汽供暖系统

在蒸汽供暖系统中，热媒是蒸汽。蒸汽含有的热量由两部分组成：一部分是水在沸腾时含有的热量；另一部分是从沸腾的水变为饱和蒸汽的汽化潜热。在这两部分热量中，后者远大于前者。在蒸汽供暖系统中所利用的是蒸汽的汽化潜热。蒸汽进入散热器后，充满散热器，通过散热器将热量散发到房间内，与此同时蒸汽冷凝成同温度的凝结水。

在低压蒸汽供暖系统中，得到广泛应用的是用机械回水的双管上供下回式系统。如图 4-10 所示为这种系统的示意图。锅炉产生的蒸汽经蒸汽总立管、蒸汽干管、蒸汽立管进

入散热器，放热后，凝结水沿凝水立管、凝水干管流入凝结水箱，然后用水泵将凝结水送入锅炉。

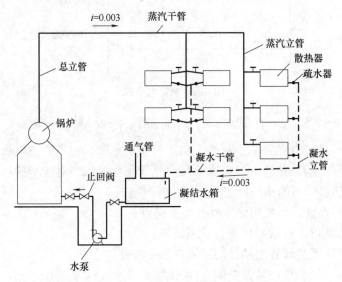

图 4-10　机械回水双管上供下回式蒸汽供暖系统示意图

2. 辐射采暖与热风采暖

散热器采暖是多年来建筑物内常见的一种采暖形式。散热器主要是靠对流方式向室内散热，对流散热量占总散热量的 50%以上。而辐射采暖是利用建筑物内部顶棚、墙面、地面或其他表面进行供暖的系统。辐射采暖系统主要靠辐射散热的方式向房间供应热量，其辐射散热量占总散热量的50%以上。

依靠供热部件与围护结构内表面的辐射换热向房间供热的方式，称为辐射采暖。散热设备以辐射换热的方式将热量散发出来。

辐射采暖与对流采暖特征的区别：辐射采暖房间各围护结构内表面的平均温度高于室内空气温度，而对流采暖正相反。

1) 低温辐射采暖

低温辐射采暖的主要形式有金属顶棚式，顶棚、地面或墙面埋管式，空气加热地面形式，电热顶棚式和电热墙式等。其中低温热水地板辐射采暖近几年得到了广泛的应用，比较适用于民用建筑与公共建筑中考虑安装散热器会影响建筑物协调和美观的场合。

低温辐射供暖系统还具有节能、保温、热稳定性好、不占室内面积、使用广泛等优点，但造价高，运行费用也比较高，几乎不用维修，而一旦损坏，影响巨大。

2) 中温辐射采暖

中温辐射采暖通常利用钢制辐射板散热。根据钢制辐射板长度的不同，它可分成块状辐射板和带状辐射板两种形式。

3) 高温辐射采暖

高温辐射采暖按能源类型的不同可分为电红外线辐射采暖和燃气红外线辐射采暖。

电红外线辐射采暖设备中应用较多的是石英管或石英灯辐射器。石英管红外线辐射器的辐射温度可达 99℃，其中辐射热占总散热量的 78%。燃气红外线辐射采暖系统由一个或多个独立的真空系统组成。每个真空系统包括一台真空泵、控制系统、一定数量的发生器和热交换器。

4.2.5 热水供暖系统管路的布置与敷设

热水供暖管道图.docx

1. 管网的布置原则

(1) 在布置供暖管道之前，首先应根据建筑物的使用特点及要求，确定供暖系统的种类(是热水供暖还是蒸汽供暖)和形式(是上供下回式还是下供下回式、是单管式还是双管式等)。然后根据所选用的供暖系统的种类及锅炉房的位置进行室外供热管道的布置。布置室内管道时，先布置散热器，然后依次布置总立管、供水干管(蒸汽干管)、供水立管(蒸汽立管)、散热器支管、回水立管(凝水立管)、回水干管(凝水干管)。

(2) 一般住宅、公共建筑和工业厂房采用明装。高级住宅、宾馆、展览馆及幼儿园等采用暗装。

(3) 供暖管道沿墙、梁、柱、天棚、地板平行敷设，管路尽量短、简单，便于安装维修，热水供暖时便于排气，蒸汽供暖时便于排出凝结水，并尽量照顾美观。要求各并联环路的阻力损失易于平衡。

2. 管网的布置与敷设

供暖系统的引入口宜设置在建筑物热负荷对称分配的位置，一般宜在建筑物中部。系统应合理地设置若干支路，而且尽量使各支路的阻力易于平衡。

3. 供水(供汽)干管和回水(凝水)干管

(1) 在上供下回式系统中，当建筑物的宽度 b≤10m 时，供水干管布置在屋顶的中央；当建筑物的宽度 b>10m 时，供水干管布置在屋顶的两侧。

(2) 在上供下回式系统中，供水(蒸汽)干管可敷设在闷顶内或顶棚下边，平屋顶可敷设在管槽内。

(3) 回水(凝水)干管可敷设在最下一层的地面上或管沟中，或吊在地下室的顶板下，经过门时设过门地沟，注意回水干管的坡度和在最低处设排水丝堵。凝水干管过门应设空气绕行管和放气阀。

(4) 管沟内蒸汽干管很长，而管沟高度又有限，为保持应有的坡度，可在某处升高，并设疏水器，以排出前一段管道中沿途的凝结水。

4. 立管

(1) 立管布置在窗间墙处、墙的转角处，尤其是两面外墙的转角处，楼梯间的立管应单独设置。

(2) 立管与水平干管的连接方式：明装用乙字弯，暗装用弯头。立管过天棚、地板、墙时加套管。

(3) 在垂直系统中，立管与散热器，用乙字形管以螺纹连接。散热器支管应有 1%的坡度流动方向。

(4) 多层建筑中的管井或沟槽，应在每层加隔板将空气隔开。

上供下回系统中的膨胀水箱设置在闷顶内，或平屋顶上专设的小屋内；下供下回系统中的膨胀水箱可置于楼梯间上面的平台上。

在下供下回式热水供暖系统中，用空气管和集气罐或用装在散热器上的放气阀排出系统中的空气。空气管通常装在最高层房间的顶棚下面，沿外墙布置。集气罐宜放在储藏室、厕所、厨房或楼梯间等处。集气罐上的排气管应引至有下水道的地方。

管道上应设阀门处：①供暖引入口的供、回热管道上；②各分支干管的始端；③供、回水立管的上、下端；④双管式或单管跨越式系统中散热器的支管上。

4.3　建筑供暖制图的一般规定

4.3.1　供暖施工图的内容

1. 平面图

平面图表示的是建筑物内供暖管道及设备的平面布置，主要内容如下：

(1) 建筑物的层数、平面布置。

(2) 热力入口位置、散热器的位置、种类、片数和安装方式。

(3) 管道的布置、干管管径和立管编号。

(4) 主要设备或管件的布置。

2. 系统图

系统图与平面图配合，反映了供暖系统的全貌。通过系统图可以得到：

(1) 管道布置方式。

(2) 热力入口管道、立管、水平干管的走向。

(3) 立管编号、各管段管径和坡度、散热器片数、系统中所用管件的位置、个数和型号等。

3. 详图

详图又称大样图，是平面图和系统图表达不够清楚时而又无标准图时的补充说明图。

4. 设计与施工说明

设计与施工说明是设计图的重要补充，一般有以下内容。

(1) 热源的来源、热媒参数、散热器型号。

(2) 安装、调整运行时应遵循的标准和规范。

(3) 施工图表示的内容。

(4) 管道连接方式及材料等。

4.3.2　供暖施工图图样画法

图 4-11 为管径尺寸的标注位置。

图 4-12 为管道交叉表示法。

图 4-13 为管道转向、连接的表示方法。

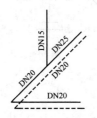

图 4-11　管径尺寸标注位置

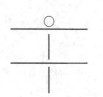

图 4-12　管道交叉表示法

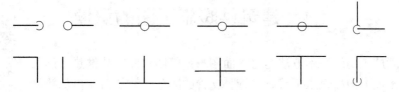

图 4-13　管道转向、连接表示法

图 4-14 为供暖立管编号表示法。

图 4-15 为供暖入口编号表示法。

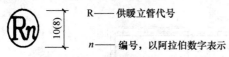

R——供暖立管代号

n——编号，以阿拉伯数字表示

图 4-14　供暖立管编号表示法

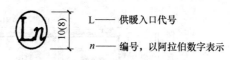

L——供暖入口代号

n——编号，以阿拉伯数字表示

图 4-15　供暖入口编号表示法

图 4-16 为单、双管系统的画法。

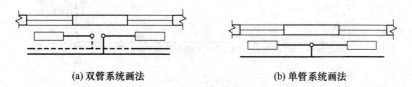

(a) 双管系统画法　　　　　　　(b) 单管系统画法

图 4-16　单、双管系统的画法

图 4-17 为散热器画法。

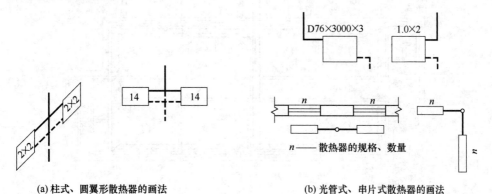

(a) 柱式、圆翼形散热器的画法　　　　　　　(b) 光管式、串片式散热器的画法

n——散热器的规格、数量

图 4-17　散热器的画法

图 4-18 为轴测图中重叠处的引出画法及散热器的标注。

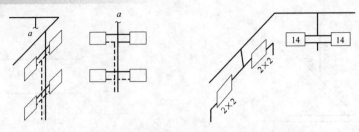

图 4-18　轴测图中重叠处的引出画法及散热器的标注

4.4　建筑供暖施工图的识读

音频　供暖识图
方法.mp3

　　识读供暖施工图的基本方法是将平面图与系统图对照。从供热系统入口开始，沿水流方向按供水干管、立管、支管的顺序到散热器，再从散热器开始，按回水支管、立管、干管的顺序到出口为止。

1. 平面图的识读

　　图 4-19 为某学校三层教室的供暖平面图，其散热器型号为铸铁柱形 M132 型。

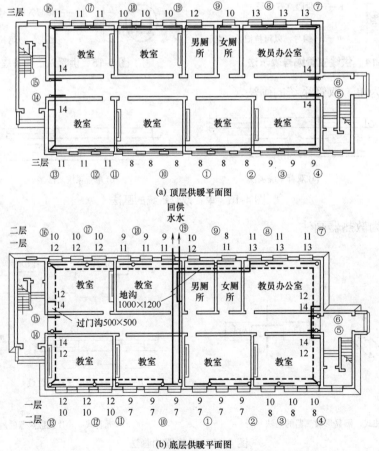

(a) 顶层供暖平面图

(b) 底层供暖平面图

图 4-19　供暖平面图

由图 4-19 可知，每层有六个教室，一个教员办公室，男女厕所各一间，左右两侧有楼梯。由底层平面图可知，供热总管从中间进入后即向上行；回水干管出口在热水入口处，并能看到虚线表示的回水干管的走向。

从顶层平面图可以看出，水平干管左右分开，各至男厕所，末端装有集气罐。各层平面图上标有散热器片数和各立管的位置。散热器均在窗下明装。供热干管在顶层上，说明该系统属于上供下回式。

2. 系统图的识读

图 4-20 为某学校三层教室的供暖系统图。

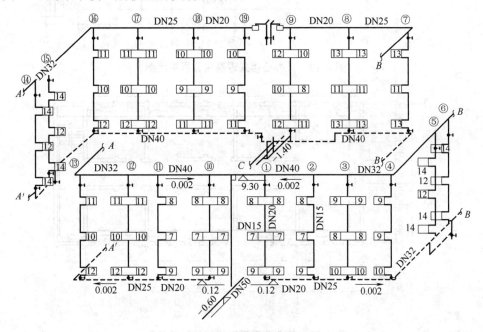

图 4-20　供暖系统图

由图 4-20 可知，该系统属于上供下回、单立管、同程式。供热总管从地沟引入，直径 DN50。

水平干管 DN40，变为 DN32，再变为 DN5、DN20。

两条回水管径渐变为 DN20，DN25，DN32，DN40，再合并为 DN50。

左有 10 根立管，右有 9 根立管。双面连散热器时，立管管径 DN20，散热器横支管管径 DN15；单面连散热器时，立管管径、横支管管径均为 DN15。

散热器片数，以立管①为例，一层 18 片，二层 14 片，三层 16 片，共 6 组散热器。

【案例 4-3】

图 4-21、图 4-22 所示为一栋二层办公楼的平面图。供暖施工图的识读方法基本上与给排水施工图一致。图 4-23 所示为系统轴测图。

结合本节内容，试识读下图。识读时，轴测图与平面图对照阅读。

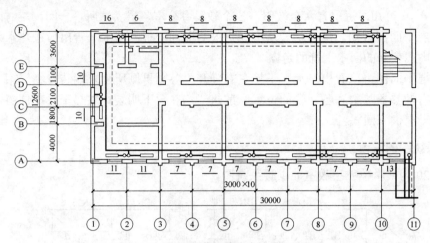

图 4-21　某办公楼采暖系统首层平面图

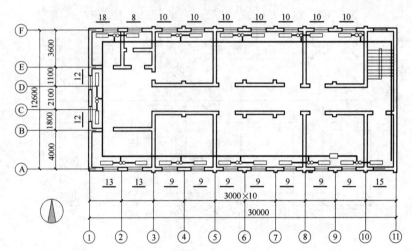

图 4-22　某办公楼采暖系统二层平面图

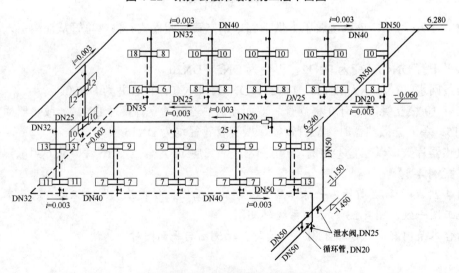

图 4-23　某办公室采暖系统轴测图

本章小结

本章主要讲述了建筑供暖系统的基础知识，机械循环热水供暖系统，自动循环热水供暖系统，建筑供暖系统施工图的识读与施工方法。学生通过学习本章内容，可以掌握建筑供暖系统的施工工艺。

实训练习

一、单选题

1. 供暖系统的主要组成部分是(   )。
   A. 热水系统、通风空调系统、工艺用热系统等
   B. 热媒制备、热媒输送、热媒利用等
   C. 热水系统、蒸汽系统等
   D. 局部供暖系统、集中供热系统

2. 围护结构表面换热过程是(   )。
   A. 传导、辐射、对流   B. 传导、辐射
   C. 传导、对流   D. 对流、辐射

3. 热水供暖系统中，其双管系统就是指(   )。
   A. 有两根供水管
   B. 有两根回水管
   C. 供水立管或水平供水管平行地分配给多组散热器
   D. 多组散热器全部回至两根回水管

4. 为消除或减轻系统的水平失调，在供回水干管走向布置方面可采用(   )。
   A. 异程式系统   B. 同程式系统   C. 垂直式系统   D. 水平式系统

5. 在热水供热系统中，最常见的定压方式是(   )。
   A. 恒压器   B. 高位水箱
   C. 补给水泵   D. 高位水箱和补给水泵

二、填空题

1. 在机械循环上供下回式水平敷设的供水干管应设(   )的坡度，在(   )设(   )来进行集中排气。

2. 采暖系统由(   )、(   )和(   )组成。

3. 设计采暖系统时，系统的最高点应设(   )，最低点应设(   )。

4. 供暖管道的敷设方式有(   )、(   )和(   )三种。

5. 供暖管道的保温层由(   )和(   )两部分组成；常用的保护层有(   )、(   )和(   )。

三、简答题

1. 自然循环作用压力的大小与哪些因素有关？

2. 热水供暖系统中，膨胀水箱的作用有哪些？

3. 自然循环热水采暖系统与机械循环热水采暖系统的区别是什么？

4. 什么是房间采暖热负荷？其包括哪些内容？

5. 影响散热器散热量的因素有哪些？

第 4 章习题答案.doc

实训工作单 1

班级		姓名		日期	
教学项目		热水供暖系统管路的布置与敷设			
学习任务	学习管网的布置原则		学习要求	掌握立管的敷设方法	
相关知识	热水供暖系统基本知识				
其他项目					

现场过程记录

评语				指导老师	

实训工作单 2

班级		姓名		日期	
教学项目	建筑供暖系统施工图的识读				
任务	建筑供暖系统施工图的识读方法		试验结果	掌握供暖系统施工图的识读技巧	
相关知识	热水供暖系统识图的基本知识				
其他项目					

现场过程记录

评语				指导老师	

第5章 通风和空气调节系统

【教学目标】

1. 了解通风和空气调节系统的基本概念。
2. 了解通风系统的设备与构件。
3. 掌握空气调节的分类与组成。
4. 掌握通风和空调系统的施工工艺。

【教学要求】

第 5 章.pptx

本章要点	掌握层次	相关知识点
建筑通风系统概述	1. 了解建筑通风的概念 2. 了解建筑通风系统的分类 3. 掌握通风系统的设备与构件	1. 建筑通风的基本概念 2. 建筑通风系统的分类 3. 通风机、风管、采气口
空气调节系统	1. 了解空气调节系统的概念 2. 了解空气调节系统的分类 3. 了解空气调节系统的组成	1. 空气调节系统的基本概念 2. 空气调节系统的分类方式 3. 空气处理设备
通风空调系统制图的一般规定	了解通风空调系统制图的一般规定	1. 通风空调系统制图常用图线 2. 通风空调系统制图常用图例
通风空调系统施工图识读	1. 了解通风工程施工图的构成 2. 掌握通风系统施工图的识读方法	1. 通风工程施工图的内容 2. 通风工程系统图的识读

【案例导入】

　　厦门闽南大酒店是一座大型四星级旅游涉外酒店，酒店位于厦门市湖滨南路，楼高 38 层，有各类客房 198 间，酒店大楼内设有四星级酒店、高级写字楼、商场和娱乐场所，是厦门最高的标志性建筑之一。中央空调全年运行 280 天左右，每天平均运行时间在 14~22 小时之间，中央空调系统年平均总耗电约 220 万 kW·h，电费支出 185 万元左右。

　　实际上每年只有极短时间出现最大冷负荷(或最大热负荷)的情况，绝大多数中央空调系统在大部分时间是在部分(低)负荷状态下运行，实际空调负荷平均只有设备设计能力的 50% 左右，因此出现了"大马拉小车"的现象，不但浪费大量的能源，而且还带来设备磨损，缩短寿命等一系列问题。2016 年使用 BKS 中央空调节能控制系统对酒店中央空调系统(主机、冷冻水泵、冷冻水泵、冷却塔风机)进行了变流量节能改造。

【问题导入】

结合案例,试分析空气调节系统在能源节约方面的实施方法,以及通风空调系统对改善建筑物内部空气质量的重要意义。

5.1 建筑通风

5.1.1 通风系统概述

建筑通风系统图.docx

通风是建筑环境控制技术三个分支(采暖、通风与空气调节)之一。工程上将只实现空气的洁净度处理和控制并保持有害物浓度在一定的卫生要求范围内的技术称为通风工程。所谓通风,就是用自然或机械的方法,把室外的新鲜空气适当处理(如过滤、加热或冷却)后送进室内,把室内的污浊气体经消毒、除害后排至室外,从而保持室内空气的新鲜程度,使排放的废气符合标准。

通风的主要功能有:提供人呼吸所需要的氧气;稀释室内污染物或气味;排出室内工艺过程中产生的污染物;除去室内多余的热量(称余热)或湿量(称余湿);提供室内燃烧设备燃烧所需的空气。

通风系统的工作原理:如图 5-1 所示,夏季建筑中人员、灯具、饮水机、电视机、计算机等电子、电器设备都要向室内散出热量及湿量,由于太阳辐射和室内外的温差而使房间获得热量,如果不把这些室内多余热量和湿量从室内移出,将导致室内湿度和湿度升高。在冬季,建筑物将向室外传出热量或渗入冷风,如不向室内补充热量,必然导致室内温度下降。

音频 通风系统
概述.mp3

图 5-1 民用建筑的通风空调系统

1—新风空气处理机组;2—风机盘管机组;3—电器电子设备;4—照明灯具

当室内得到热量或失去热量时，则从室内排出热量或向室内补充热量，使进出房间的热量相等，即达到热平衡，从而保持室内一定温度；或使进出房间的湿量平衡，以保持室内一定湿度；或从室内排出污染空气，同时补入等量的清洁空气(经过处理或不经处理的)，即达到空气平衡。

进出房间的空气量、热量以及湿量总会自动地达到平衡。任何因素破坏这种平衡，必将导致室内空气状态(温度、湿度、污染物浓度、室内压力等)发生变化，并将在新的状态下达到新的平衡。

5.1.2 通风系统的分类

1. 按用途分类

(1) 工业与民用建筑通风，是以治理工业生产过程和建筑中人员及其活动所产生的污染物为目标的通风系统。

(2) 建筑防烟和排烟，是以控制建筑火灾烟气流动，创造无烟的人员疏散通道或安全区的通风系统。

(3) 事故通风，是排除突发事件产生的大量有燃烧、爆炸危害或有毒害的气体、蒸汽的通风系统。

2. 按空气流动的动力分类

1) 自然通风

自然通风是依靠室外风力造成的风压，或者室内外温度差造成的热压，使室外新鲜空气进入室内、室内空气排到室外的一种通风方式。前者称为风压作用下的自然通风，后者称为热压作用下的自然通风。

自然通风不需要专设的动力，人类自古以来就知道利用自然通风解决室内通风换气问题。

2) 机械通风

机械通风是依靠风机的动力来向室内送入新鲜空气或排出污染空气的一种通风方式。机械通风是一种常用的通风系统，有三种通风方式，如图5-2所示。机械通风系统工作可靠性高，但需要消耗一定的能量。

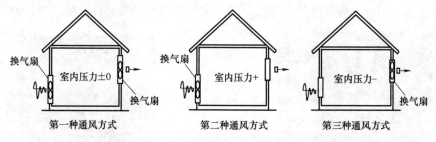

图5-2 机械通风系统及其通风换气种类

3. 按通风的服务范围分类

(1) 局部通风，控制室内局部地区的污染物的传播或控制局部地区的污染物浓度达到卫生标准要求的通风。

(2) 全面通风(也称为全面换气通风)是向整个房间送入清洁新鲜的空气,用新鲜空气把整个车间中的有害物浓度稀释到最高允许浓度以下,同时把含污染物的空气排到室外的通风方式。全面通风时,有害物能被气流扩散至整个房间,送风的目的就是将有害物冲淡(或稀释)至允许的浓度标准,所以也称为稀释通风。

5.1.3　通风系统的设备与构件

典型的通风系统由通风机、风管、采气口、排气口、空气处理设备等设备组成,如5-3所示。

通风系统常用
设备图.docx

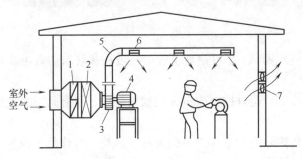

通风系统的设备与
构件.mp4

图 5-3　典型的通风系统组成示意图

1—空气过滤器;2—空气加热器;3—通风机;
4—电动机;5—风管;6—排气口;7—轴流风机

1. 通风机

通风机是一种用于输送气体的机械,它是把原动机的机械能转变为气体的动能、压力能的一种机械。

通风机.mp4

2. 风管

风管用来输送空气,是通风系统重要的组成部分(见图 5-4、图 5-5),在总造价中它占有较大的比例。对风管的要求是有效和经济地输送空气。

其中有效是指:①严密,不漏气;②有足够强度;③耐火、耐腐蚀、耐潮。

经济是指:①材料价格低廉、施工方便;②表面光滑,具有较小的流动阻力。

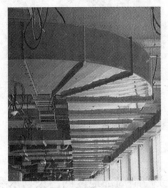

图 5-4　消防风管

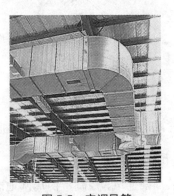

图 5-5　空调风管

3. 采气口与排气口

1) 采气口

采气口是进气通风系统的空气进口或排气通风系统的吸气口。采气口应设置在室外空气较清洁之处，与有害物源(烟囱、排气口、厕所等)之间在水平及垂直方向都应有一定的距离。排气口的排气温度高于室外空气温度时，采气口低于排气口。采气口可以设置在外墙侧，风管可设在墙内或沿外墙作贴附风道。

采气口应高出地面 2.0m 以上，并装有百叶风格或网格，如图 5-6 所示。采气口可设置在屋面上，也可以做成独立的进风塔。采气口外形构造形式应与建筑形式相配合。

2) 排气口

排气口是进气通风系统的送风口或排气通风系统的空气排放口。一般排气口形式比较简单，通常可在竖向排气风管的顶端加一个伞形风帽或套环式风帽，如图 5-7 所示，以防雨雪侵入或室外空气"倒灌"。

排气口排气面积较大的或为了配合建筑美观要求时，也可将排气口做成像采气口一样的形式。

风帽.mp4

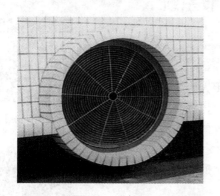

图 5-6 采气口

图 5-7 排气口

4. 除尘器

将粉尘从含尘气流中分离出来的设备称为除尘器。除尘器的作用是净化从吸尘罩或产尘设备抽出来的含尘气体，避免污染厂区和大气环境。

1) 除尘器分类

(1) 根据在除尘过程中是否采用液体进行除尘和清灰，可分为：干式除尘器、湿式除尘器。

(2) 根据除尘机理，可分为：①沉降除尘器(重力除尘器)；②惯性除尘器；③旋风除尘器；④袋式除尘器；⑤湿式除尘器；⑥静电除尘器。

(3) 根据除尘效率，可分为：低效除尘器、中效除尘器和高效除尘器。

袋式除尘器、电除尘器等属于高效除尘器；重力除尘器、惯性除尘器等属于低效除尘器，一般只能作为多级除尘系统的初级除尘；旋风除尘器和其他湿式除尘器一般属于中效除尘器。

2) 除尘器的主要性能指标

技术性能指标：除尘效率、阻力、处理风量。

经济性能指标：除尘器设备费和运行费(即总成本费)、占地面积及使用寿命等。

【案例5-1】

目前铁路并未全面完成电气化，隧道内尚有部分柴油列车行驶，废气直接排放在隧道内，平时隧道内采自然通风并且由列车行驶产生活塞效应进行换气、稀释，停车温度或废气污染浓度过高时，再启动风机进行降温或稀释。本研究透过现场实验量测分析，发现隧道内无论是自然通风、推拉方式还是排气方式机械通风，仅自然通风模式中接近引道口附近，总悬浮微粒(TSP)值偏高外，其他污染浓度尚符合《空气污染防治法》之空气品质标准。地下车站月台采自然通风、空调系统或排气方式等不同运转模式下，除自然通风模式下二氧化碳及悬浮微粒浓度(PM10)超过法规建议值外，其余(除二氧化碳)短时间会超过建议值，随后即降低，皆符合室内空气品质建议值第二类标准。

试结合本章内容，阐述隧道内通风系统由哪些设备构成？

5.2 空气调节系统

5.2.1 空气调节系统的分类

空气调节系统又称空气调理，简称空调，是用人为的方法处理室内空气的温度、湿度、洁净度和气流速度的技术，可使某些场所获得具有一定温度和一定湿度的空气，以满足使用者及生产过程的要求和改善劳动卫生和室内气候条件。

空气调节系统图.docx

常用的空调系统，按其空气处理设备设置情况的不同，可分为集中式、半集中式和全分散式三种类型。

1) 集中式空调系统

其特点是所有的空气处理设备，包括风机、水泵等都集中在一个空调机房内，处理后的空气经风道输送到各空调房间。集中式空调系统按其处理空气的来源，又分封闭式、直流式和混合式三种系统。

音频 空调调节的分类.mp3

(1) 封闭式集中空调系统也称为全循环式集中空调系统。它所处理的空气全部来自空调房间，全部空气进行再循环，没有室外新鲜空气补充到系统中来。这种系统卫生条件差，但耗能量低，通常应用于人员不长期停留的库房等。

(2) 直流式集中空调系统，也称为全新风式集中空调系统，它所处理的空气全部来自室外，室外空气经处理后送入室内，使用后全部排出到室外。其处理空气的耗能大。这种空调系统应用于室内空气不宜循环的建筑物中，如放射性及散发大量有害物的实验室、车间等。

(3) 混合式集中空调系统，是前两种系统的混合，既使用一部分室内再循环空气，又使用一部分室外新鲜空气。这种系统既能满足卫生要求，又经济合理，应用广泛。

2) 半集中式空调系统

半集中式空调系统除设有集中空调机房外，还在空调机房间内设有二次空气处理设备。

半集中式空调系统最常用的类型是风机盘管机组，由多排称作盘管的翼片管热交换器和风机组成的。与集中空调系统不同，它采用就地处理回风的方式，由风机驱动室内空气流过盘管进行冷却除湿或加热，再送回室内。

3) 全分散式空调系统

全分散式空调系统也称为局部空调。局部空调机组又称为空调器。它是把空气处理设备、冷热源(制冷机组和电加热)等整体地组合在一个箱体里。其特点是结构紧凑、体积小、安装简便、节省大量风道、使用灵活。其结构上分为整体式与分体式两种，整体式已不常用。

空调工程中使用的制冷机有压缩式、吸收式和蒸汽喷射式三种，其中以压缩式制冷机的应用最为广泛。压缩式制冷机是由制冷压缩机、冷凝器、膨胀阀和蒸发器四个主要部件组成，并用管道连接，构成一个封闭的循环系统。制冷剂在制冷系统中历经蒸发、压缩、冷凝和节流四个热力过程，不断循环，实现室内空气降温的目的。

5.2.2 空气调节系统的组成

一个典型的空调系统应由空调冷源和热源、空气处理设备、空调风系统、空调水系统、空调的自动控制和调节装置这五大部分组成，如图5-8所示。

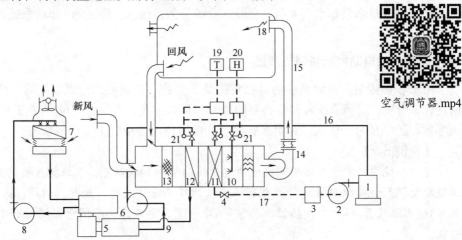

空气调节器.mp4

图5-8 空调系统示意图

1—锅炉；2—给水泵；3- 回水率器；4—疏水器；5—制冷机组；6—冷冻水循环泵；7—冷却塔；
8—冷却水循环泵；9—冷水管系；10—空气加湿器；11—空气加热器；12—空气冷却器；
13—空气过滤器；14—风机；15—送风管道；16—蒸气管；17—凝水管；18—空气分配器；
19—温度控制器；20—湿度控制器；21—冷、热能量自动调节阀；

1. 空调冷热源和热源

冷源是为空气处理设备提供冷量以冷却送风空气。常用的空调冷源是各类冷水机组，它们提供低温水给空气冷却设备，以冷却空气。也有用制冷系统的蒸发器来直接冷却空气的。热源是用来提供加热空气所需的热量。常用的空调热源有热泵型冷热水机组、各类锅炉、电加热器等。

2. 空气处理设备

空气处理设备的作用是将送风空气处理到规定的送风状态。空气处理设备(也称空调机组)可以是集中于一处,为整幢建筑物服务(小型建筑物多采用);也可以分散设置在建筑物各层面。常用的空气处理设备有空气过滤器、空气冷却器(也称表冷器)、空气加热器、空气加湿器和喷水室等。

3. 空调风系统

空调风系统包括送风系统和排风系统。送风系统的作用是将处理过的空气送到空调区,其基本组成部分是风机、风管系统和室内送风口装置。风机是使空气在管内流动的动力设备。排风系统的作用是将空气从室内排出,并将排风输送到规定的地点。可将排风排放至室外,也可将部分排风送至空气处理设备与新风混合后作为送风。重复使用的这一部分排风称为回风。排风系统的基本组成是室内排风口装置、风管系统和风机。在小型空调系统中,有时送排风系统合用一个风机,排风靠室内正压,回风靠风机负压。

4. 空调水系统

空调水系统的作用是将冷媒水或热媒水从冷源或热源输送至空气处理设备。空调水系统的基本组成是水泵和水管系统。空调水系统分为冷(热)水系统、冷却水系统和冷凝水系统三大类。

5. 空调的自动控制和调节装置

由于各种因素,空调系统的冷热负荷是多变的,这就要求空调系统的工作状况也要有所变化。所以,空调系统应装备必要的控制和调节装置,借助它们可以(人工或自动)调节送风参数、送排风量、供水量和供水参数等,以维持所要求的室内空气状态。

【案例 5-2】

空调系统中,常常直接或间接地通过热媒向室内加入热量,以维持房间的热湿环境。为建筑物空调系统提供热源的种类也有很多,选择热源方案时,除热源性质(蒸汽、热水、电热等)和热源装置(锅炉、换热器、热泵等)外,还需要考虑哪些因素?请结合本章内容进行分析。

5.3   通风空调系统制图的一般规定

5.3.1   图线

图线的基本宽度 b 和线宽组,应根据图样的比例、类别及使用方式确定。基本宽度 b 宜选用 0.18mm、0.35mm、0.7mm、1.0mm。

图样中仅使用两种线宽的情况,线宽组宜用 b 和 $0.25b$。三种线宽的线宽组宜用 b、$0.5b$ 和 $0.25b$。

在同一张图纸内,各不同线宽组的细线,可统一采用最小线宽组的细线。暖通空调制图中图线的选用如表 5-1 所示。

表 5-1 通风空调制图中图线的选用

线 型	线 宽	一般用途
粗实线	b	单线表示的管道
中粗实线	$0.5b$	本专业设备轮廓、双线表示的管道轮廓
细实线	$0.25b$	建筑物轮廓；尺寸、标高、角度等标注线及引出线；非本专业设备轮廓
粗虚线	b	回水管线
中粗虚线	$0.5b$	本专业设备及管道被遮挡轮廓
细虚线	$0.25b$	地下管沟、改造前风管的轮廓线、示意性连线
中粗波浪线	$0.5b$	单线表示的软管
细波浪线	$0.25b$	断开界线
单点长画线	$0.25b$	轴线、中心线
双点长画线	$0.25b$	假想或工艺设备轮廓线
折断线	$0.25b$	断开界线

5.3.2 图例

通风空调制图中常用的代号及图例分别见表 5-2、表 5-3 和表 5-4。

表 5-2 水、汽管道代号

代号	管道名称	备注
R	热水管(采暖、生活、工艺用)	1.用粗实线、粗虚线区分供水、回水时，可以省略代号 2.可附加阿拉伯数字 1、2、区分供水、回水 3.可附加阿拉伯数字 1、2、3、…表示一个代号、不同参数的多种管道
Z	蒸汽管	需要区分饱和、过热、自用蒸汽时，可在代号前分别附加 B、G、Z
N	凝结水管	
P	膨胀水管、排污管、排气管、旁通管	需要区分时，可在代号后附加一位小写拼音字母，即 P_z、P_w、P_Q、P_T
G	补给水管	
X	泄水管	
XH	循环管、信号管	循环管为粗实线，信号管为细虚线。不致引起误解时，循环管也可为"X"
Y	溢排管	
L	空调冷水管	
LR	空调冷/热水管	
LQ	空调冷却水管	
n	空调冷凝水管	
RH	软化水管	
CY	除氧水管	

表5-3　风道代号

代　号	风道名称	代　号	风道名称
K	空调风管	H	回风管(一、二次回风可附加1、2区别)
S	送风管	P	排风管
X	新风管	PY	排烟管或排烟、排风共用管道

表5-4　通风空调系统常用图例

名　称	图　例	说　明	名　称	图　例	说　明
法兰盖	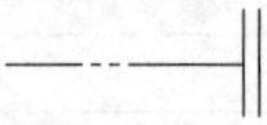		砌筑风、烟道	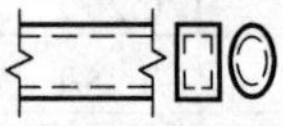	其余风、烟道不画虚线
丝堵	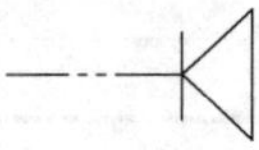	也可表示为: 	轴流风机	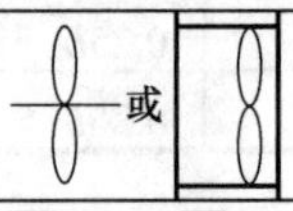 或	
弧形补偿器			离心风机		左为左式风机,右为右式风机
绝热管			水泵	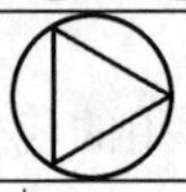	左侧为进水,右侧为出水
止回阀	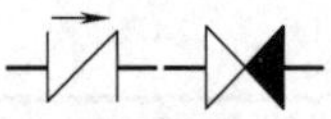	左图为通田,右图为升降式止回阀	风口	 □或○	通用风口左为矩形,右为圆形
疏水阀	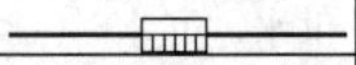	也称疏水器			
散热器	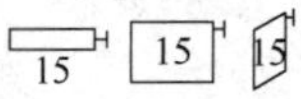 ⌊15⌋　⌊15⌋　⌊15⌋	左为平面图画法,中为剖面图画法、右为系统图,附有手动放水阀	方形散流器	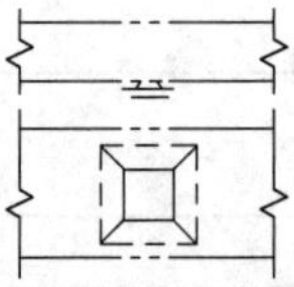	散流器可见时虚线改为实线
集气罐	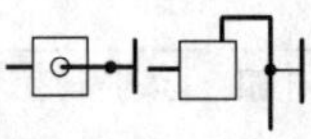	左图为平面图,右图为系统图,包括排气装置			

5.3.3 通风空调系统施工图绘制的基本规定

　　通风空调安装工程施工图作为专业图纸,与其他的图纸是有差别的。掌握好绘制通风空调安装工程施工图的基本规定,如线型、图例符号的含义等,有助于顺利地进行图纸的识读。

　　虽然通风空调系统千变万化,但我们可以把它们归成两种类型:一种是风系统,包括通风系统、全空气空调系统以及空气—水系统中的新风系统;另一种是水系统,包括全水系统、空气水系统中的水系统以及制冷剂系统。同种类型施工图的识读方法是相似的。在本节中,将以通风系统和全水系统为例来学习这两类图纸的识读方法。

5.4　通风空调系统施工图识读

1. 通风工程施工图的特点与构成

1) 通风工程施工图表达的内容

(1) 通风系统的管道、管道配件、设备规格、型号等技术参数及其在某个特定建筑空间的布置。

音频　通风系统识
图注意事项.mp3

(2) 建筑物的轮廓及其在空间上与通风系统的相对关系。

(3) 需现场加工制作的异形通风管道、管道配件、设备配件等非标准构配件。

2) 通风工程施工图表达的特殊性

所表述的对象的几何形状特殊，用一般工程图的视图、剖视、剖面等方法不能很好地表达工程的设计意图及技术要求。

如通风管道，其长度方向尺寸与径(横)向尺寸相比要大得多，其沿长度方向的截面形状不变，但尺寸在变，且这个变化量相对于长度方向尺寸来说甚小。

再如，通风系统的管道配件(阀门、变形接头)、设备(除尘器)的几何形体与尺寸，就很难用工程图方法画出这些实物在通风系统中的真正视图。还有，在同一个建筑空间内输送不同介质的管道之区别等。

3) 通风工程施工图上的建筑轮廓

通风工程是项与建筑相关的设备工程，因此，其工程图样是在建筑工程图样的基础上绘制的，所以通风工程施工图上也绘有建筑物有关轮廓线，但这些建筑物轮廓线又不是通风工程施工图的主要部分，通常用比较细线型绘制。

4) 通风工程施工图的构成

通风工程施工图的基本构成要素如图 5-9 所示。

图 5-9　通风工程施工图的基本构成要素

【案例 5-3】

通风空调工程施工图通常由文字与图纸两部分组成。文字部分包括图纸目录、设计施工说明、设备及主要材料表。图纸部分包括基本图和详图。基本图主要是指空调通风系统的平面图、剖面图、系统轴测图以及流程图等。详图主要是指系统中某局部或部件的放大图、加工图以及施工图等。

结合本章内容试分析，若详图中采用了标准图或其他工程图纸，在图纸目录中是否还需另附说明?

2. 通风空调安装施工图的识读方法

在一般情况下，根据通风空调安装工程施工图所包含的内容，可按以下步骤对通风空调安装工程施工图进行识读。

(1) 阅读图纸目录。通过阅读图纸目录，了解整套通风空调安装工程施工图的基本概况，包括图纸张数、名称以及编号等。

(2) 阅读设计和施工总说明。通过阅读施工总说明，全面了解通风空调系统的基本概况和施工要求。

(3) 阅读图例符号说明。通过阅读图例符号说明，了解施工图中所用到的图例符号的含义。

(4) 阅读系统原理图。通过阅读系统原理图，了解通风空调系统的工作原理和流程。

(5) 阅读平面图。通过阅读通风空调平面图，详细了解通风空调系统中设备、管道、部件等的平面布置情况。

(6) 阅读剖面图。通风空调安装工程剖面图应与平面图结合在一起识读。对于在平面图中一些无法了解到的内容，可以根据平面图上的剖切符号查找相应的剖面图进行阅读。

(7) 阅读其他图纸。在掌握了以上内容后，可根据实际需要阅读其他相关图纸(如设备及管道的加工安装详图、立管图等)。

3. 通风空调安装施工图的识读举例

以某厂化学合成车间通风系统的若干图样为例，进一步说明通风空调系统施工图的识读方法。图 5-10 是某化工车间通风系统平面图。从图 5-10 中可以看出：靠近轴线 C 的一排柱子旁装了一条矩形送风管。在轴线 D—F 间的通风机房安装了两套排风管道。送风室设在轴①与轴②和轴 A 与轴 B 图中厂房的低跨部分。矩形送风管断面尺寸是由 850mm×400mm 到 300mm×400mm 均匀变化的。风量由进风小室的百叶窗经加热器由风机抽入风管，通过风管上 7 个送风口将热风送入车间。

图 5-11 为该车间的通风剖面图。在其中的 1-1 剖面图中，轴线 A—C 间表示的是送风系统的设备，风管的安装位置和高度，风管在屋面下的吊装方式，进风室的横断面及其高度等；轴线 C—F 间表示的是排风系统的设备，风管风帽的安装位置和高度等。

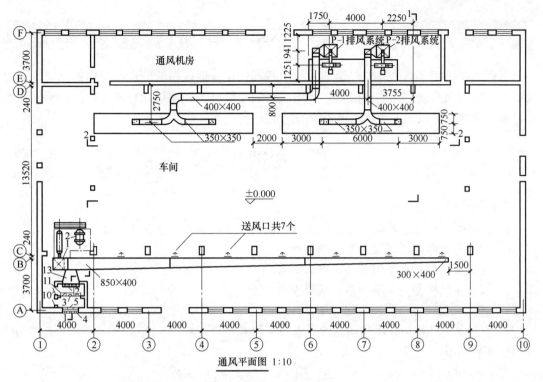

通风平面图 1:10

图 5-10 通风系统平面图

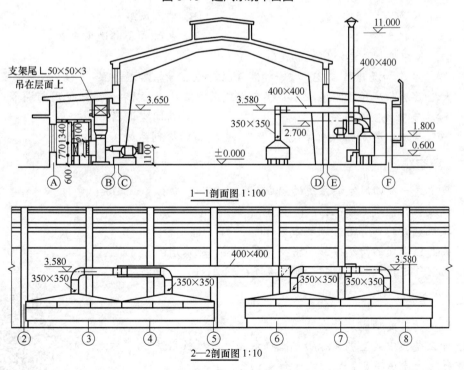

图 5-11 通风系统剖面图

本章小结

本章主要讲授了通风与空气调节系统的基础知识，通风系统的设备与构件，空气处理设备，通风空调系统制图的一般规定，通风空调系统施工图的识读与施工方法。学生通过学习本章内容，可以掌握通风空调系统的施工工艺。

实训练习

一、单选题

1. 空调机组的表面式换热器进行热湿交换，能实现的三种空气处理过程是(　　)。
   A. 等湿冷却、等湿加热、绝热加湿
   B. 等湿冷却、等湿加热、等温加湿
   C. 等湿冷却、等湿加热、减湿冷却
   D. 减湿冷却、减湿加热、等温加湿

2. 防烟分区内排烟口距最远点的最大水平距离不应超过(　　)。排烟温度达到(　　)时排烟口自动关闭。
   A.30m　70℃　　　　B.25m　70℃　　　　C.25m　280℃　　　　D. 30m　280℃

3. 不属于局部送风装置的是(　　)。
   A. 风扇　　　　　　　　　　　B. 喷雾风扇
   C. 风机盘管　　　　　　　　　D. 系统式局部送风装置

4. 向空气中喷低压蒸汽实现的是(　　)。
   A. 增焓加湿升温　　B. 增焓加湿等温　　C. 等焓加湿等温　　D. 等焓加湿升温

5. 大型酒店客房和写字楼、办公楼应优先采用(　　)，以利于灵活使用与调节。
   A. 集中式空气系统　　　　　　B. 房间空调器
   C. 风机盘管加新风机系统　　　D. 冷剂系统

二、填空题

1. 集中式一次回风空调系统的组成是(　　)、(　　)、(　　)和(　　)。

2. 暖风机的构成部件包括: (　　)、(　　)、(　　)。

3. 风机盘管的局部运行调节方式有(　　)、(　　)和(　　)。

4. 某高档酒店的厨房操作间需要设置空调，应采用(　　)。

5. 与空气进行热湿交换的介质主要有(　　)、(　　)和(　　)。

三、简答题

1. 通风的主要功能是什么?

2. 什么是集中式空调系统的单风机系统、双风机系统?

3. 什么是上送下回? 它适用于什么场合?

4. 影响室内空气分布的因素有哪些? 其中主要因素是什么?

5. 常用的局部排风罩有哪些?

第 5 章习题答案.doc

实训工作单 1

班级		姓名		日期	
教学项目		空气调节系统			
学习任务	了解空气调节系统的组成		学习要求	掌握空气处理设备的运作机制	
相关知识	空气调节系统基本知识				
其他项目					

现场过程记录

评语			指导老师	

实训工作单 2

班级		姓名		日期	
教学项目		通风空调系统施工图的识读			
学习项目	通风工程施工图的识读技巧		学习要求	掌握通风工程施工图的识读方法	
相关知识	通风空调系统施工图识读				
其他项目					

现场过程记录

评语			指导老师	

第6章　燃气供应系统

![教学目标] 【教学目标】

1. 了解燃气供应系统的基本概念。
2. 了解城镇燃气供应系统。
3. 掌握室内燃气管道系统的组成。
4. 掌握燃气供应系统施工图的识读。

【教学要求】

第6章.pptx

本章要点	掌握层次	相关知识点
燃气供应系统概述	1. 了解燃气供应系统的概念 2. 了解城市燃气系统 3. 掌握燃气的分类	1. 燃气供应系统的基本概念 2. 燃气的分类 3. 城市燃气系统
室内燃气供应系统	1. 了解室内燃气供应系统的组成 2. 掌握室内燃气管道的布置与敷设	1. 用户引入管、立管、用户支管 2. 燃气管道的布置方法 3. 燃气管道的敷设
燃气供应系统制图的一般规定	了解燃气供应系统制图的一般规定	1. 燃气供应系统制图常用图线 2. 燃气供应系统制图常用图例
燃气供应系统施工图识读	1. 了解燃气工程施工图的构成 2. 掌握燃气供应系统施工图的识读方法	1. 燃气工程施工图的内容 2. 燃气工程系统图的识读

【案例导入】

2018 年 5 月 31 日 11 时许，辽宁省沈阳市皇姑区一居民楼 4 楼发生燃气爆炸，整个阳台严重受损，起火点附近多处玻璃破损。事故共发现 3 名被困人员，已无生命体征。

消防沈阳支队指挥中心接到报警后立即调派消防官兵赶赴现场，11 时 52 分北陵中队消防官兵到达现场开展灭火救援工作，并第一时间通知 120 急救中心及煤气公司赶赴现场组织救援，于 12 时 10 分将明火扑灭。经现场勘查，爆炸引发过火面积约 300m^2。

结合上述案例，试分析事故原因，以及燃气供应系统的供给过程。

6.1 燃气供应概述

燃气是气体燃料的总称，能燃烧放出热量，供城市居民和工业、企业使用。与固体燃料和液体燃料相比，燃气具有更高的热能利用率，燃烧温度高，火力调节容易，使用方便，易于实现燃烧过程自动化，燃烧时没有灰渣，清洁、卫生，而且可以利用管道和瓶装供应。

燃气种类图.docx

燃气和空气混合到一定比例时，易引起燃烧甚至爆炸，火灾危险性较大。因此，对燃气设备及管道的设计、加工和敷设都有严格的要求。同时，必须加强维护和管理工作，防止漏气。

燃气作为一种气体燃料，按其来源不同可分为天然气、人工煤气和液化石油气三大类。

1. 天然气

天然气是古生物遗骸长期沉积地下，经慢慢转化及变质裂解而产生的气态碳氢化合物，其主要成分为甲烷，比空气质量轻，燃烧过程中基本不产生污染空气的二氧化硫，氮化物排量也不到煤的 50%，每立方米热值约为 8700 大卡，约为人工煤气的 2.3 倍，也不会造成管道、表具、灶具等的腐蚀、阻塞，是一种优质、高效的能源。而且，天然气不含一氧化碳，一般不会引起中毒。但是，天然气属于易燃易爆气体，使用时仍需注意安全，防止漏气；另外，天然气燃烧时需要大量的空气，因此使用天然气时应注意通风，否则会生产不完全燃烧现象，造成废气中毒。

2. 人工煤气

人工煤气根据制气原料和制气方法可大致分为三种：在隔绝空气的情况下对煤加热而获得的煤气，即干馏煤气；对煤进行气化而产生的煤气，即气化煤气；重油蓄热裂解和蓄热催化裂解而得的制气，即油制气。目前，人们通常也将通过液化石油气或天然气掺混改质而形成的气体称为人工煤气，其化学成分存在很大差别。

人工煤气是由若干单一气体组成的混合气体。其中，各种单一气体的组分随煤种、制气工艺的不同而异。用作民用建筑燃气时，每立方米热值一般应在 3500 大卡以上。

一氧化碳是人工煤气的可燃成分之一，无色、无臭、有剧毒。人在吸入一定量的一氧化碳后，会因血液中缺氧而窒息中毒或死亡。同时，人工煤气和空气混合后浓度达到 5%～50%时，会形成易爆炸的气体，遇到火种就会爆炸。因此，使用人工煤气时应加倍小心，注意安全。

3. 液化石油气

液化石油气(简称液化气，LPG)是从油田或石油炼制过程中得到的较轻成分，是饱和和不饱和的烃类混合物，易燃易爆，每立方米最高热值约为 27000 大卡。液化石油气本身无毒，因此素有绿色能源之称，但泄漏后

音频 燃气材料的
分类.mp3

与空气混合后浓度大于10%时，会对人体中枢神经产生麻醉作用，因此同样需要注意安全。

燃气作为城市的新能源，具有容易点火、燃烧迅速且完全、燃烧效率高、便于管道输送、卫生条件好、减轻城市运煤与除灰的交通负荷等优点。

但燃气也有明显的缺点：首先是具有毒性，人工燃气中含有一定量的一氧化碳，天然气中含有一定量的硫化氢等有毒气体，在空气中达到一定浓度时，易引起中毒、窒息；其次是爆炸性，当燃气和空气混合到一定比例时，遇明火就会发生爆炸。因此，使用时必须严格遵守相关操作规程和采取安全措施。

【案例 6-1】

天然气已成为世界范围内典型的城市燃气气源。为了能够在天然气枯竭后仍保持城市燃气的供应，有的国家正在研究煤制气的新工艺。中国城市燃气供应始于1865年。这一年英商在上海开设了中国第一个煤气厂。1943年以前，日商先后在大连、鞍山、抚顺、沈阳、安东、长春、锦州、哈尔滨等8个城市建立了城市燃气企业。这些燃气企业以煤为制气原料，规模都很小。1943年是中华人民共和国建立前全国燃气年产量最高的一年，也只有1.43亿 m^3。1949年以后，中国城市燃气事业得到了发展。到1984年，中国已有109个城市建立了不同规模的城市燃气供应设施，年供人工气21.6亿 m^3，天然气13.6亿 m^3 (包括矿井气)，液化石油气45.4万 t；用气人数2350万人，占全国大中城市人口的22.4%。

结合本节内容，分析为什么天然气被认为是理想的城市燃气气源？

6.2 城市燃气供应系统

在城市里，燃气管网都布置成环状，只是边缘地区采用支状管网。燃气由高压管网或次高压管网，经过燃气调压站，进入中压管网；然后经过区域的燃气调压站，进入低压管网，再经庭院管网接入用户。在小城市里，一般采用中低压或低压燃气管网。

城市燃气供应
系统图.docx

1. 城镇燃气气源的要求

(1) 气源选择依据：多种气源、多种途径、因地制宜、合理利用，优先发展天然气，扩大液化石油气供应，慎重发展人工煤气。

(2) 城镇燃气的基本要求：热值高，毒性小，杂质少。

2. 城市燃气管网的分类

(1) 城市燃气管网由燃气管道及设备组成，按压力可分为以下几种。

① 一级制系统：仅由低压或中压一种压力级别的管网组成。

② 二级制系统：以中低压或高低压两种压力级别的管网组成，如图6-1所示。

③ 三级制系统：以低压、中压、高压三种压力级别的管网分别组成。

(2) 按敷设方式分类，可分为以下几种。

① 埋地管道：穿越铁路、公路时，需加设套管或管沟。

② 架空管道：工厂厂区，管道跨越障碍物，建筑物内部燃气管道。

(3) 按用途分类，可分为以下几种。

① 长距离输气管道：末端设燃气分配站。

② 城镇燃气管道：分配管道、用户引入管、室内管道。

③ 工业燃气管道：工厂引入管和厂区燃气管道、车间燃气管道、炉前燃气管道。

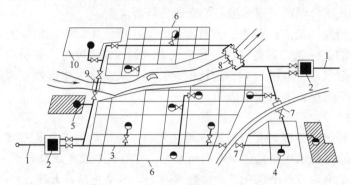

图 6-1　城市二级制管网系统示意图

1—长输管线；2—城市燃气分配站；3—次高压管网；4—区域调压室；
5—工业企业专用调压室；6—低压管网；7—穿过铁路的套管敷设；
8—穿过河底的过河管；9—沿桥敷设的过河管；10—工业企业

(4) 按管网形状分类，可分为以下几种。

① 环状管网：同一环中输气压力相同。

② 支状管网：放射状，用于室内燃气管道或城市边缘干管。

③ 环支状管网：工程设计常用。

6.3　室内燃气供应系统

6.3.1　室内燃气供应系统的组成

室内燃气供应系统一般由用户引入管、立管、干管、用户支管、燃气表、燃气用具等组成，如图 6-2 所示。

音频 室内燃气管
道概述及组成.mp3

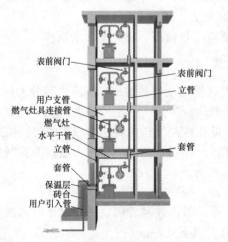

表前阀门
表前阀门
立管
用户支管
燃气灶具连接管
燃气灶
水平干管
立管
套管
套管
保温层
砖台
用户引入管

图 6-2　室内燃气供应系统

室内燃气供应
系统.mp4

1. 用户引入管

用户引入管是庭院管道与室内管网的连接管道，可采用地下引入式或地上引入式，一般引入厨房，不便时还可以引入楼梯间或阳台。用户引入管如图 6-3 所示。

1) 地上引入

燃气管道在墙外伸出地面，然后穿过外墙进入室内。地上引入适用于有密闭地下室的建筑物，可分为地上低立管引入法和地上高立管引入法。在北方冰冻地区，对墙外管段需采取保温措施。

2) 地下引入

燃气管道在地下穿过墙基础后沿墙垂直升起，从室内地面伸出。

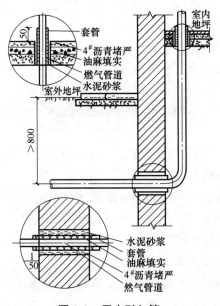

图 6-3　用户引入管

2. 立管

燃气立管就是接于引入管上，穿过楼板贯通各厨房的垂直管，一般敷设于厨房或走廊内。立管的第一层处设阀门，上下设清扫口，上清扫口设在带丝堵的三通处，下清扫口应设 10～20cm 的存污管。立管与各层楼板接触的地方设套管，套管与燃气管道之间用沥青和油麻填塞。立管在一幢建筑中，一般不改变管径，直通上面各层。

3. 用户支管

用户支管是连接在立管上，通向各个厨房的用户分支管道。通过用户支管，立管中的燃气分流到各厨房。支管上设燃气表和表前阀，燃气表为最高点坡向立管和燃具，以保护燃气表。支管在厨房内的高度不低于 1.7m，支管穿墙应有套管。

6.3.2　室内燃气管道的布置与敷设

室内燃气管道的布置原则如下。

(1) 用户引入管与城市或庭院低压分配管道连接时，在分支处设阀门。

(2) 输送湿燃气的引入管一般由地下引入室内，当采取防冻措施时也可由地上引入。在非采暖地区或输送干燃气而且管径不大于 75mm 时，则可由地上直接引入室内。

(3) 输送湿燃气的引入管应有不小于 0.5%的坡度，坡向城市分配管道。

(4) 燃气引入管和室内燃气管道不得布置在卧室、浴室、地下室、易燃易爆品仓库、配电室、变电室、通风机室、潮湿或有腐蚀性介质的房间内。当必须穿过没有用气设备的卧室、浴室时，必须设在套管内。

(5) 当用户引入管穿过承重墙、基础、管沟时，均应设在套管内。

(6) 用户引入管上可连接一根立管，也可连接若干根立管，但应设水平干管。水平干管可沿楼梯间或辅助房间的墙壁敷设，坡向引入管，坡度应不小于 0.2%。管道经过的楼梯间和房间应有良好的自然通风。

(7) 立管一般应敷设在厨房或走廊内。当由地下引入室内时，立管在第一层处设阀门，阀门一般设在室内，对重要用户应在室外另设阀门。

(8) 立管的上、下端应装旋塞，其直径一般小于 25mm。

(9) 立管通过各层楼板处应设套管，套管高出地面至少 50mm，套管与管道之间的间隙应用沥青和油麻填塞。

(10) 由立管引出的用户支管，在厨房内其安装高度不低于 1.7 m，敷设坡度不小于 0.2%，并由燃气表分别坡向立管和燃具。

(11) 燃气用具连接的垂直管段的阀门应距离地面 1.5m 左右。

(12) 室内煤气管道应为明装。当建筑物或工艺有特殊要求时，也可采用暗装，但应敷设在有入孔的闷顶或有活盖的墙槽内。

(13) 室内燃气管道应尽量采用镀锌钢管。

(14) 室内燃气管道若敷设在可能冻结的地方时，应采取防冻措施。

(15) 燃气表宜安装在通风良好、环境温度高于 0℃，并且便于抄表及检修的地方。

【案例 6-2】

用于输送燃气的管材，必须具有足够的机械强度与优良的抗腐蚀性、抗震性以及气密性等各项性能。结合本节内容，试列举常用于输送燃气的管材有哪些？

6.4 燃气用具与用气安全

6.4.1 燃气用具

常用燃气
用具图.docx

1. 厨房燃气灶

常见的厨房燃气灶为双火眼燃气灶，如图 6-4 所示。它由炉体、工作面和燃烧器三部分组成，还有三眼、六眼等多种民用燃气灶。各种燃气灶适用的燃气种类、额定燃气用量等性能参数可查阅有关手册。从使用的安全性考虑，家用厨房燃气灶一般要靠近不易燃墙壁放置，燃气灶边至墙面要有 50~100mm 的距离。大型燃气灶应放在房间的适中位置，以便于四周使用。

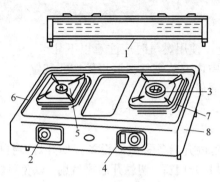

燃气灶.mp4

图 6-4　家用双眼燃气灶

1—进气管；2—开关钮；3—燃气器；

4—火焰调节器；5—盛液盘；6—灶面；7—锅支架；8—灶框

2. 燃气热水器

燃气热水器是一种局部热水供应系统的加热设备。燃气热水器按其构造可分为容积式和直流式两类。家用燃气热水器一般为快速直流式。

容积式燃气热水器是一种能储存一定容积热水的自动加热器。其工作原理是借调温器、电磁阀和热电偶联合工作，使燃气点燃和熄灭。

燃气热水器.mp4

由于燃气燃烧后所排出的废气的成分中含有浓度不同的一氧化碳，当其容积浓度超过 0.16% 时，人吸入 20min 会头痛、眩晕，吸入 2h 会中毒死亡，因此，凡是有燃气用具的房间，都应有良好的通风措施。

为了提高燃气的燃烧效果，需要供给足够的空气，煤气用具的热负荷越大，所需的空气量也越多。一般地说，设置燃气热水器的浴室，房间容积应不小于 $12\,m^3$；当燃气热水器消耗发热量较高的燃气且消耗量约为 $4\,m^3/h$ 时，需要保证每小时有 3 倍房间体积(即 $36\,m^3$)的通风量。故设置小型燃气热水器的房间应保证有足够的容积，并在房间墙壁下面及上面，或者门窗的底部或上部，设置不小于 $0.2\,m^2$ 的通风窗。应当注意的是，通风窗不能与卧室相通，门扇应朝外开，以保证安全。

在多层建筑内，当层数较少时，为了排出燃烧烟气，应设置各自独立的烟囱。砖墙内烟道的断面应不小于 140mm×140mm。对于高层建筑，若每层设置独立的烟囱，在建筑构造上往往很难处理，可设置一根总烟道连通各层燃气用具，但一定要防止下层房间的烟气窜入上层设有燃气用具的房间。

【案例 6-3】

家庭及公用事业中常用的燃气炊事用具形式很多，而且随着厨房设备的发展更新换代，燃气灶具在造型和性能等方面都有很大进步，型号、规格也丰富多样。燃气炊事灶具普遍采用引射式大气燃烧器，头部多为环形，火孔以圆形居多，少数为缝隙形和矩齿形。

结合本节内容，试列举生活中常用的燃气用具。

6.4.2 用气安全

为保证人身和财产安全，使用燃气时应注意以下几点。

(1) 管道燃气用户应在室内安装燃气泄漏报警切断装置。

(2) 使用燃气时应有人看管。

(3) 如果发现燃气泄漏，应进行如下处理。

① 切断气源。

② 杜绝火种。严禁在室内开启各种电器设备，如开灯、打电话等。

③ 通风换气。应该及时打开门窗，切忌开启排气扇，以免引燃室内混合气体，造成爆炸。

④ 不能迅速脱下化纤服装，以免由于静电产生火花引起爆炸。

⑤ 如果发现邻居家有燃气泄漏，不允许按门铃，应敲门告知。

⑥ 到室外拨打当地燃气抢修报警电话或 119。

(4) 用户在临睡、外出前和使用后，一定要认真检查，保证灶前阀和炉具开关关闭完好，以防因燃气泄漏而造成伤亡事故。

(5) 不准在燃气灶附近堆放易燃或易爆物品。

(6) 燃气灶前软管的安装和使用应注意以下几项。

① 灶前软管的安装长度不能大于 2m。

② 灶前软管不能穿墙使用。

③ 对于天然气和液化石油气一定要使用耐油的橡胶软管。

④ 要经常检查软管是否已经老化，连接接头是否紧密。

⑤ 要定期更换该灶前软管。

(7) 燃气设施的标志性颜色是黄色。城市中的黄色管道和设施一般都是城市燃气设施。

(8) 户内燃气管不能当接地线使用。这是因为燃气具有易燃、易爆的特性。凡是存在有一定浓度燃气的场所，遇到由静电产生的火花能点燃燃气，有引起火灾或爆炸的可能。由于户内燃气管对地电阻较大，若把户内燃气管作为家用电器的接地线使用时，一旦家电漏电或感应电传到燃气管上，使户内的燃气管对地产生一定的电位差，可能引起对邻近金属放电，产生火花，点燃或引爆燃气，造成安全事故，因而户内燃气管道不能当接地线用。

6.5　燃气供应系统制图的一般规定

6.5.1 建筑燃气施工图的组成

建筑燃气施工图与前面的建筑通风空调施工图一样，建筑燃气施工图由文字部分和图示部分组成。文字部分包括图纸目录、设计施工说明、图例和主要设备材料表；图示部分包括平面图、系统图和详图。

6.5.2 图例

燃气供应系统制图常用的图例如表 6-1 所示。

表 6-1 燃气供应系统制图常用图例

图　例	名　称	备　注
———————	燃气管道	
⊠	旋塞阀	
◁⊳	球阀	
◀	变径管	
⊓	补偿器	
⊡ ☒	IC 卡燃气表	适用天然气
⊘⊘	燃气灶	适用天然气
R	热水器	适用天然气
▭	中低压悬挂式调压柜	适用天然气

6.6　燃气供应系统施工图识读

燃气供应系统施工图的识读方法是以系统为单位，先按燃气的流向找到系统的入口，再按总管及入口装置、干管、立管、支管、用户软管到燃气用具的进气接口顺序识读，并且平面图和系统图要相互对照识读。

1. 室内燃气平面图

某七层住宅燃气平面图如图 6-5、图 6-6 所示，气源来自小区燃气输送管道，每户燃气用具有双眼燃气灶一台、燃气热水器一台，依次识读可知下列内容。

(1) 由一层平面图识读可知，北面外敷设有小区(室外)燃气管道，管径为 DN200，标高(埋深)为-1.200m；引入四根 DN50 燃气钢管，标高(埋深)为-1.200m，引进至室内厨房内，即转为燃气立管。

(2) 由标准层平面图识读可知，四个厨房各有一根燃气立管，即从西至东为 M1、M2、M3、M4；每户各有一块燃气表、一台燃气灶和一台燃气热水器。燃气表安装在燃气灶对面。

音频　燃气管道识图方法.mp3

2. 室内燃气系统图

七层住宅燃气系统图如图 6-7 所示。依次识读可知下列内容。

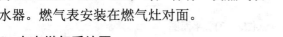

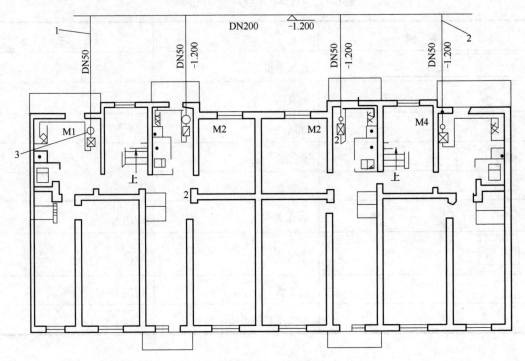

图 6-5 一层平面图

1—引入管；2—小区燃气管道；3—立管编号

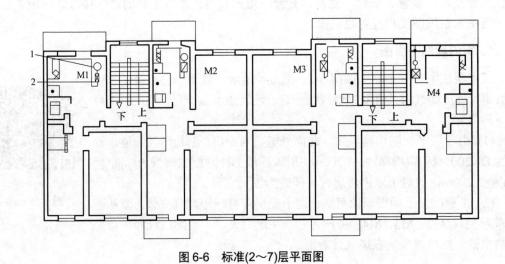

图 6-6 标准(2~7)层平面图

1—立管；2—燃气表

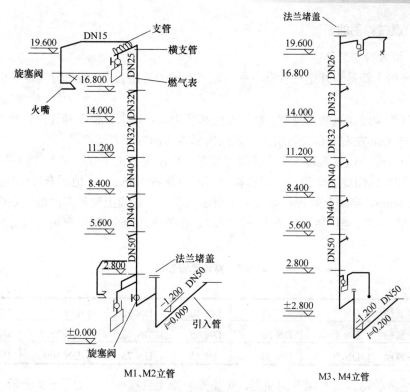

图6-7 七层住宅燃气系统图

(1) 四个厨房分设四个立管 M1、M2、M3、M4 系统，各从室外引入，在立管底处各安装一个旋塞阀。引入立管段上端和立管顶端均设有法兰堵盖。

(2) M1、M2 立管所连接支管走向相同，均在立管的北面转向西边；M3、M4 立管所连接的支管走向相同，均在立管的北面转向东边。

(3) 各立管，上安装七块燃气表共计 28 块燃气表，M1、M2 立管，上燃气表接管从表前看均为"左进右出"；M3、M4 立管，上燃气表接管从表前看均为"右进左出"。表前均有一个旋塞阀。

(4) 各立管系统的管径、旋塞阀规格及燃气用具配置相同，见表 6-2。

表6-2 各管段管径、旋塞阀规格

单位：mm

名　称	规　格	名　称	规　格
引入管	DN50	一、二层立管	DN50
三、四层立管	DN40	五、六层立管	DN32
七层立管	DN25	横支管	DN20
底立管旋塞阀	DN50	支管	DN15
表前旋塞阀	DN20		

(5) 各楼层标高分别为 ±0.000、2.800、5.600、8.400、11.200、14.000、16.800 和 19.600(m)等。

3. 民用燃气详图的识读

1) 燃气引入管安装详图

(1) 燃气引入管是室外燃气管道与室内燃气管道的连接管,一般可分为地下引入式和地上引入式两种。

(2) 燃气管穿过建筑物的基础、墙、地面和管沟时,均应设置在套管内。套管内径应比引入管径大 50mm 左右。套管与引入管之间的缝隙用沥青麻刀堵严。

(3) 当引入管道位置无暖气沟或其他障碍时,可由室外地下直接引入,如图 6-8 所示。引入管穿墙和穿地面均设套管,穿墙套管出墙面内外各 50mm;穿地面套管出地面 50mm、出地面下 100mm。穿墙套管管径如表 6-3 所示。引入立管段上端和室内燃气立管底端均设三通加丝堵清扫口。当房屋层数不少于四层时,在外应加两个 90°弯头,以防止房屋发生不均匀沉降。

表 6-3　穿墙套管管径

单位：mm

燃气管公称直径	DN25	DN 32	DN 40	DN 50	DN 65	DN 75
套管 I 公称直径	DN 40	DN 50	DN 65	DN 75	DN 75	DN 100
套管 II 公称直径	DN 50	DN 50	DN 75	DN 75	DN 100	DN 100

(4) 当引入管道位置与暖气沟相遇,可由室外地上直接引入,如图 6-9 所示。室外地上管道砌筑砖墙保护,砖墙内外抹灰,内填膨胀珍珠岩保温,顶上加盖板,防止雨水渗入。

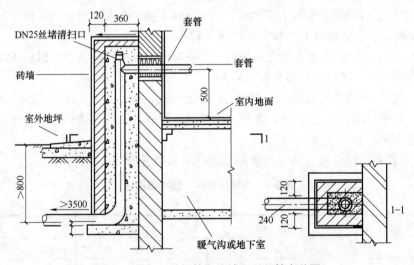

图 6-8　燃气无缝钢管室外地上引入管安装图

2) 户内燃气表安装详图

户内燃气表是用于计量用户燃气用量的仪表。户内燃气表安装如图 6-9 所示,该图按"左进右出"绘制,与"右进左出"煤气的接法方向相反。燃气表支托形式根据现场选定。

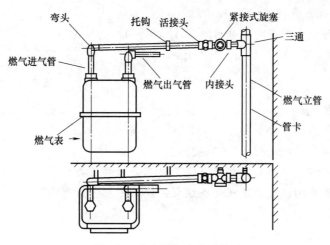

图 6-9　户内燃气表安装图

✓ 本章小结

　　本章主要讲授了建筑燃气供应系统的基础知识，城市燃气供应系统，室内燃气供应系统，燃气用具与用气安全，燃气供应系统制图的一般规定，燃气供应系统施工图的识读与施工方法。学生通过学习本章内容，可以熟练掌握燃气供应系统的施工工艺。

✓ 实训练习

一、单选题

1. 地下燃气管道埋设在人行道下时覆土厚度不得小于(　　)。
　　A. 0.6m 　　　　　　　 B. 0.8m 　　　　　　　 C. 1m 　　　　　　　 D. 1.2m

2. 天然气充分燃烧后产生(　　)。
　　A. H_2O 和 CO 　　 B. H_2 和 CO_2 　　 C. H_2 和 CO 　　 D. H_2O 和 CO_2

3. 地下室、半地下室、设备层内敷设燃气设施要求室内净高不小于(　　)m。
　　A. 1.8 　　　　　　　 B. 2.0 　　　　　　　 C. 2.2 　　　　　　　 D. 2.5

4. 在天然气罐区可使用(　　)的工具。
　　A. 铁质 　　　　　　　 B. 钢质 　　　　　　　 C. 铜质 　　　　　　 D. 抹水的钢质

5. LNG 是(　　)的代称。
　　A. 液化石油气 　　 B. 天然气 　　　　 C. 液化天然气 　　 D. 压缩天然气

二、填空题

1. 按照燃料种类，锅炉可分为(　　)、(　　)、(　　)。

2. 燃气泄漏后发生爆炸必须具备的条件是：①泄漏的燃气在空气的浓度在(　　)浓度上、下限之间；②(　　)。

3. 天然气是埋藏在地下的古生物经过亿万年的高温和高压等作用而形成的可燃气。主

要成分是( )，天然气具有( )、( )的特性。

4. 天然气按形成条件不同可分为( )、( )、( )、( )。

5. 燃烧三要素( )、( )、( )。

三、简答题

1. 什么是天然气？

2. 城市天然气为什么要加臭？

3. 室内燃气供应系统的组成有哪些？

4. 燃气作为一种气体燃料，按其来源不同可分为哪三类？

5. 城市燃气管网由燃气管道及设备组成，按压力可分为哪些？

第 6 章习题答案.doc

实训工作单 1

班级		姓名		日期	
实训项目		室内燃气管道的布置与敷设			
实训任务	燃气引入管的布置与敷设		实训要求	掌握燃气引入管的敷设方法	
相关知识	安燃气管道的布置与敷设				
其他项目					

现场过程记录

评语			指导老师	

实训工作单 2

班级		姓名		日期	
教学项目		燃气供应系统施工图的识读			
学习项目	室内燃气系统图的识读		学习要求	掌握室内燃气系统图的识读方法	
相关知识	燃气供应系统识图				
其他项目					
现场过程记录					
评语				指导老师	

第7章 建筑电气系统

第7章.pptx

【教学目标】

1. 了解建筑电气系统的基本概念。
2. 了解建筑供配电系统的内容。
3. 了解建筑照明与动力系统。
4. 掌握建筑照明与动力系统施工图的识读。

【教学要求】

本章要点	掌握层次	相关知识点
建筑电气系统概述	1. 了解建筑电气系统的概念 2. 掌握建筑电气系统的分类 3. 掌握建筑电气系统的组成	1. 建筑电气系统的基本概念 2. 建筑照明系统 3. 建筑动力系统
建筑供配电系统	1. 了解建筑供配电系统的概念 2. 掌握高层建筑的供电方案	1. 建筑供配电系统的基本概念 2. 高层建筑负荷等级 3. 配电线路维护
低压配电系统保护装置	1. 了解漏电保护器装置 2. 掌握刀开关的作用原理 3. 了解熔断器装置	1. 刀开关、熔断器 2. 漏电保护器、自动空气断路器
建筑电气照明与动力系统	1. 了解建筑电气照明与动力系统的概念 2. 掌握照明的方式与照明的种类	1. 建筑电气照明系统、建筑动力系统 2. 一般照明、局部照明
建筑电气照明与动力系统施工图识读	1. 了解建筑电气照明与动力系统制图的一般规定 2. 掌握燃气供应系统施工图的识读方法	1. 建筑电气照明与动力系统施工图的绘制要求 2. 建筑电气照明与动力系统图的识读

【案例导入】

2016年11月4日晚，西欧多国遭遇特大停电事故，约1000万人受到影响。法国约500万人的电力供应被切断。德国停电影响了至少100万人。事故还波及意大利、比利时和西

班牙等国的多个城市。

停电的直接原因是德国为了让一艘船出厂切断了两条高压线,造成欧洲电网东部电力输出负荷过重,西部电力输入严重不足,引发欧洲电网连锁反应。欧洲目前使用统一供电网,任何一个环节出现问题,都可能对多个国家造成大范围影响。欧洲大停电事故暴露了欧洲电力供应方面的缺陷。

【问题导入】

结合案例,思考建筑照明系统的运作方式以及建筑电气系统对经济发展的重要意义。

7.1 建筑电气系统概述

建筑电气系统是以电能、电气设备和电气技术为手段,创造、维持与改善室内空间的电、光、热、声等环境。

音频 建筑电气系统的分类.mp3

1. 建筑电气系统的分类

建筑电气系统一般由用电设备、供配电线路、控制和保护装置三大基本部分组成,由于上述三大基本部分的性质不同,可以构成种类繁多的各种建筑电气系统。因此,对建筑电气系统进行详细分类是很困难的。但从电能的供入、分配、传输和消耗使用来看,全部建筑电气系统可分为供配电系统和用电系统两大类。而根据用电设备的特点和系统中所传递能量的类型,又可将用电系统分为建筑照明系统、建筑动力系统和建筑弱电系统三种。

2. 建筑电气系统的组成

各类建筑电气系统虽然作用各不相同,但它们一般都是由用电设备、配电线路、控制和保护设备三大基本部分所组成。

用电设备如照明灯具、家用电器、电动机、电视机、电话、喇叭等种类繁多,作用各异,分别体现出各类系统的功能特点。

配电线路用于传输电能和信号。各类系统的线路均为各种型号的导线或电缆,其安装和敷设方式也都大致相同。

控制和保护等设备是对相应系统实现控制和保护等作用的设备。这些设备常集中安装在一起组成,如配电盘、配电柜等。若干配电盘、配电柜常集中安装在同一个房间中,即形成各种建筑电气专用房间,如变配电室、共用电视天线系统前端控制室、消防中心控制室等。这些房间均需结合具体功能,在建筑平面设计中统一安排布置。

7.2 建筑供配电系统

7.2.1 建筑供配电系统概述

接受发电厂电源输入的电能,并进行检测、计量变压等,然后向用户和用电设备分配电能的系统,称为供配电系统。一般供配电系统包括以下两种。

建筑供配电系统图.docx

1) 一次接线(主接线)

一次接线(主接线)是指直接参与电能的输送与分配,由母线、开关、配电线路变压器等组成的线路。它表示电能的输送路径。一次接线上的设备称为一次设备。

2) 二次接线(二次回路)

建筑供配电
系统.mp4

二次接线(二次回路)是指为了保证供配电系统的安全经济运行以及操作管理上的方便,常在供配电系统中装设各种辅助电气设备(二次设备),例如电流互感器、电压互感器测量仪表、继电保护装置、自动控制装置等,从而对一次设备进行监视、测量、保护和控制。通常把完成上述功能的二次设备之间互相连接的线路称为二次接线(二次回路)。

供配电系统作为向用电设备提供电能的路径,其质量的好坏直接影响着整个建筑电气系统的性能和安全,因此对供配电系统的设计应引起高度重视。

7.2.2 高层建筑负荷等级分类与供电方案

1. 高层建筑的负荷等级

一级负荷:消防用电设备,应急照明,消防电梯。

二级负荷:客用电梯,供水系统,公用照明。

三级负荷:居民用电等其他用电设备。

高层建筑存在着一级负荷或二级负荷,为了保证供电可靠性,现代高层建筑均是采用至少两路独立的 10kV 电源同时供电,具体数量应视负荷大小及当地电网条件而定。两路独立电源的运行方式,原则上是两路同时供电,互为备用。另外,还须装设应急备用柴油发电机组,要求在 15s 内自动恢复供电,保证事故照明、电脑设备、消防设备、电梯设备等的事故用电。

2. 供电方案

图 7-1(a)所示为两路高压电源,正常"一用一备"供电方案,即当正常工作电源因事故停电时,另一路备用电源自动运行,主要用于供电可靠性相对较低的高层建筑中。

图 7-1(b)所示为两路电源同时供电方案,当其中一路发生故障时,由母线联络开关对故障回路供电,主要用于高级宾馆和大型办公楼宇。

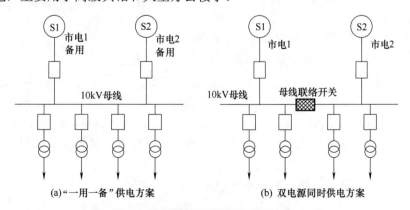

图 7-1 高层建筑常用供电系统方案

7.2.3 配电线路维护

1. 架空线路的维护

架空线路由于在露天设置，常年经受风、雨、雷、电的侵袭和自身机械荷载，还经常遭受其他外力因素的影响，如电杆和拉线被攀登、碰撞等，容易使线路出现故障甚至停电，所以架空线路需经常进行维护。其基本措施是巡视检查，以及时发现故障并及时处理。

物业小区的架空线路一般要求每月进行一次巡视检查，如遇恶劣天气及发生故障时，应临时增加检查次数。巡视检查的项目内容如下。

(1) 检查电线杆有无倾斜、变形或损坏；查看电线杆基础是否完好。

(2) 检查拉线有无松弛、破损现象，拉线金具及拉线桩是否完好。

(3) 线路是否与树枝或其他物体相接触，导线上是否悬挂风筝等杂物。

(4) 导线的接头是否完好，有无过热发红、氧化或断脱现象。

(5) 绝缘子有无破损、放电或严重污染等现象。

(6) 沿线路的地面有无易燃、易爆或强腐蚀性物体堆放。

(7) 沿线路附近有无可能影响线路安全运行的危险建筑物或新建违章建筑物。

(8) 检查接地装置是否完好，特别是在雷雨期前应对避雷接地装置进行重点检查。

(9) 其他可能危及线路安全的异常情况。

巡视人员应将检查中发现的问题在专用的运行维护记录中做好记录，对能当场处理的问题应当立即处理；对重大的异常现象应报告主管部门迅速处理。

2. 电缆线路的维护

电缆线路大多埋设于地下，维护人员首先应全面细致地了解电缆的走线方向、敷设方式及电缆头的位置等基本情况，一般每季度进行一次巡视检查。如遇大雨、洪水等特别情况，则应临时增加巡视次数。巡视的内容如下。

(1) 明敷的电缆，应检查其外表有无损伤，沿线的挂钩、支架是否完好。

(2) 暗敷的电缆，应检查有关盖板或其他覆盖物是否完好，有无挖掘破坏痕迹。

(3) 电缆沟有无积水、渗水现象，是否堆有易燃、易爆物品或其他杂物。

(4) 电缆头(中间接头及终端封头)是否完好，有无破损、放电痕迹，有无开裂或绝缘填充物溢出等现象。

(5) 其他可能危及电缆线路安全运行的问题。

异步电动机的全压启动操作，也可用三相胶盖闸刀开关。

【案例 7-1】

某综合楼地下 1 层，地上 5 层，楼高为 20.50m，框架结构，屋面为平屋顶，属多层建筑，建筑面积为 7331.10 m²。主要房间为办公室、活动室、空调机房、消防控制室、配电室和车库等。人们将建筑电气线路比作人的神经系统，它在建筑内起到控制、保护等重要作用。

结合本节内容，试阐述建筑电气系统的组成部分有哪些。

7.3　低压配电系统保护装置

配电线路是电力系统的重要组成部分，担负着电能输送与分配的任务。为保证线路的正常运行，线路应具备一定的保护装置，低压配电线路的保护包括短路保护、过负荷保护、接地故障保护和中性线保护。常用的低压配电系统的保护装置主要有刀开关、熔断器、自动空气断路器、漏电保护器等。

配电保护
装置图.docx

7.3.1　刀开关

刀开关按工作原理和结构，可分为胶盖闸刀开关、铁壳开关、隔离刀开关、熔断器式刀开关、组合开关等。

音频　低压配电保
护装置的分类.mp3

1. 胶盖闸刀开关

胶盖闸刀开关又叫开启式负荷开关，如图7-2所示。闸刀装在瓷质底板上，每相附有熔丝、接线柱，用胶木罩壳盖住闸刀，以防止切断电源时电弧烧伤操作者。胶盖闸刀开关主要作为一般照明、电热等回路的控制开关用。安有熔丝，也可作为短路保护用。

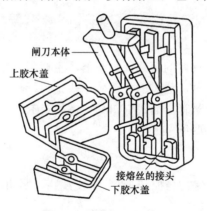

闸刀本体

上胶木盖

接熔丝的接头

下胶木盖

图7-2　胶盖闸刀开关

开关刀类别.mp4

刀开关.mp4

2. 铁壳开关

铁壳开关又称封闭式负荷开关，主要由刀开关、熔断器和铁制外壳组成。铁壳开关适用于各种配电设备，供不频繁手动接通和分断负荷电路之用，还可作为线路末端的短路保护用。

3. 隔离刀开关

隔离刀开关外形与结构如图7-3所示。普通的隔离刀开关不可以带负荷操作，只有在和低压断路器配合使用时，低压断路器切断电路后才能操作刀开关。其主要用于交流额定电压380V、直流额定电压440V、额定电流1500A及以下装置中。

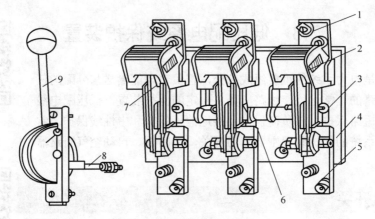

图 7-3　隔离刀开关

1—上接线端子；2—钢栅片灭弧罩；3—闸刀；4—底座；5—下接线端子；
6—主轴；7—静触头；8—连杆；9—操作手柄

4. 组合开关

组合开关是一种多功能开关，不能用于频繁起停的电路中，经常用在接通或分断电路，切换电源或负载，测量三相电压，控制小容量电动机正、反转等的电路中。

7.3.2　熔断器

熔断器是最简便而且是有效的短路保护电器，主要用于短路保护，也可起过负荷保护的作用。当线路中出现故障时，通过的电流大于规定值，熔体产生过量的热而被熔断，电路自动被分断。常用的熔断器有瓷插式(RCIA)、螺旋式(RL)、密闭管式(RM10)、填充料式(RT20)等多种类型，下面主要介绍前两种。

1. 瓷插式熔断器

瓷插式熔断器广泛用于保护与控制 380V 分支线路、照明电路和中小容量电动机电路中的短路保护。

瓷盖和瓷底均用电工瓷制成，磁盖上安装有熔丝，过载或短路时熔丝熔断。电线接在瓷底两端的静触头上。瓷底座中间有一空腔，与瓷盖突出部分构成灭弧室。RCIA 型瓷插式熔断器，以其结构简单、价格低廉、使用方便等优点，成为建筑工地常用的保护电器。

瓷插式熔断器.mp4

2. 螺旋式熔断器

螺旋式熔断器的外形结构如图 7-4 所示。螺旋式熔断器主要用于电气设备的过载及短路保护。螺旋式熔断器由瓷帽、熔断管、保护圈及底座四部分组成。熔断管内装有熔丝和石英砂，石英砂起熄灭电弧用，管的上盖有指示器，指示熔丝是否熔断。螺旋式熔断器更换熔管时比较安全，填充料式的断流能力更强。

螺旋式熔断器.mp4

在选择熔断器时，应该特别注意以下两点。

(1) 熔断器的额定电压必须大于或等于线路的工作电压。

(2) 熔断器的额定电流必须大于或等于所装熔体的额定电流。

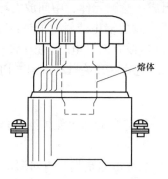

熔断器.mp4

图 7-4　螺旋式熔断器外形结构

7.3.3　自动空气断路器

断路器是指具有接通和分断电路作用，能提供短路、过负荷和失压保护的低压开关设备。空气开关是空气断路器的简称。

空气断路器，是指断路器分断电路的过程可能会产生电弧，而灭弧过程是在空气介质中完成的(电弧就是一种介质在电场中发生的击穿现象)。相应的有真空断路器(利用真空来消除电弧)、油断路器(利用油作为灭弧的介质)、六氟化硫断路器(利用六氟化硫作为介质)。

断路器主要由触头系统、灭弧系统、脱扣器和操作机构等部分组成。空气断路器的工作原理，如图 7-5 所示。主触点通常是由手动的操作机构来闭合的。开关的脱扣机构是一套连杆装置。当主触点闭合后就被锁钩锁住。如果电路中发生故障，脱扣机构就在有关脱扣器的作用下将锁钩脱开，于是主触点在释放弹簧的作用下迅速分断。当电源电压恢复正常时，必须重新合闸后才能正常工作，实现了失压保护。

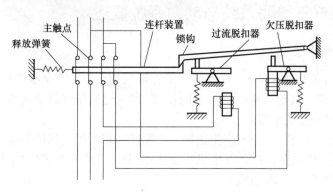

图 7-5　空气断路器的工作原理示意图

断路器.mp4

7.3.4　漏电保护器

漏电保护器是剩余电流动作保护装置的简称，又叫漏电保护开关，主要是用来在设备发

生漏电故障以及有致命危险的人身触电时进行保护。漏电保护器一般与断路器配合使用。

1. 漏电保护器的组成部分

漏电保护器主要由三部分组成：检测元件、中间放大环节、操作执行机构。

在被保护电路工作正常，没有发生漏电或触电的情况下，漏电保护器不动作，系统保持正常供电。当被保护电路发生漏电或有人触电时，由于漏电电流的存在，当达到预定值时，使主开关分离，脱扣器线圈通电，驱动主开关自动跳闸，切断故障电路，从而实现保护。

2. 漏电保护器的分类

按其保护功能和用途分类，一般可分为漏电保护继电器、漏电保护开关和漏电保护插座三种。

(1) 漏电保护继电器。漏电保护继电器是指具有对漏电流检测和判断的功能，而不具有切断和接通主回路功能的漏电保护装置。

(2) 漏电保护开关。它与其他断路器一样可将主电路接通或断开，而且具有对漏电流检测和判断的功能，一般与熔断器、热继电器配合使用。

漏电保护器
分类.mp4

(3) 漏电保护插座。漏电保护插座是指具有对漏电流检测和判断并能切断回路的电源插座。漏电动作电流 6～30mA，常用于手持式电动工具和移动式电气设备的保护及家庭、学校等民用场所。

【案例 7-2】

低压配电系统由配电变电所(通常是将电网的输电电压降为配电电压)、高压配电线路(即 1kV 以上电压)、配电变压器、低压配电线路(1kV 以下电压)以及相应的控制保护设备组成。结合本小节内容，请列举常用的低压配电系统的保护装置。

7.4　建筑电气照明系统与动力系统

7.4.1　建筑电气照明系统与动力系统概述

电气照明与动力
系统图.docx

1. 建筑电气照明系统

将电能转换为光能进行采光，以保证人们在建筑物内外正常从事生产和生活活动，以及满足其他特殊需的照明设施，称为建筑电气照明系统。它由电气系统和照明系统组成。

(1) 电气系统，它是指电能的产生输送、分配控制和消耗使用的系统。它是由电源(市供交流电源、自备发电机或蓄电池组)、导线控制和保护设备与用电设备(各种照明灯具)组成。

(2) 照明系统，它是指光能的产生、传播、分配(反射、折射和透射)和消耗吸收的系统。它是由光源控照器、室内空间、建筑内表面、建筑形状和工作面等组成。

音频　建筑电气照
明系统与动力系统
概述.mp3

(3) 电气和照明系统的关系。电气和照明是两套系统，既相互独立，又紧密联系。因此，在实际电气照明设计中，一般程序是根据建筑设计的要求进行照明设计，再根据照明设计的成果进行电气设计，最后完成统一的电气照明设计。

2. 建筑动力系统

将电能转换为机械能以拖动水泵、风机等机械设备运转，为整个建筑提供舒适、方便的生产与生活条件而设置的各种系统，统称为建筑动力系统，如供暖、通风、供水排水、热水供应、运输系统。维持这些系统工作的机械设备，如鼓风机、引风机、除渣机、上煤机给水泵排水泵、电梯等，全部是靠电动机拖动的。因此，建筑动力系统实质上就是向电动机配电，以及对电动机进行控制的系统。

7.4.2 照明的方式与照明种类

1. 照明方式

照明方式是照明设备按照其安装部位或使用功能而构成的基本制式。照明方式是按照明器的布置特点来区分的，它分为：一般照明、局部照明和混合照明。

1) 一般照明

一般照明是指在工作场所内不考虑局部的特殊需要，为照亮整个场所而设置的照明。一般照明方式的照明器均匀对称地分布在被照面的上方，因而获得必要的照明均匀度。这种照明适合于对光的投射方向没有特殊要求，在工作面内无特殊需要而提高照明的工作点，以及工作点很密或不固定的场所。一般照明又有均匀一般照明和分区一般照明之分。

(1) 均匀一般照明。使整个被照场所内的工作面上都得到相同照度的一般照明。

(2) 分区一般照明。在一个场所内，根据需要提高某特定区域照度的一般照明，即在同一照明房间内的某个区域的照度是均匀的，但该区域的照度比房间其他区域的照度要高。

一般照明方式的照明器布置方式必定是均匀布置方式，其照明器的形式、悬挂高度、灯泡容量也是均匀对称的。

2) 局部照明

局部照明是为了满足工作场所某些部位的特殊需要设置的照明。例如，局部需要有较高的照明，由于遮挡而使一般照明照射不到的某些范围，需要减少工作区的反射眩光；为加强某方向光照以增强质感；视觉功能降低的人需要有较高照度等。但在一个工作场所内，不允许单独使用局部照明，因为这会造成工作点和周围环境有极大的亮度对比。显然，局部照明所对应的照明器布置方式是选择布置方式。

3) 混合照明

由一般照明和局部照明共同组成的照明方式称为混合照明。采用混合照明方式的场所，其均匀照度由一般照明提供，而对需要有较高照度的工作面和对光照方向有特殊要求的局部，则采用局部照明来解决。混合照明中的一般照明，其照度应按该等级混合照度的5%～10%选取，且不宜低于20lx。

2. 照明种类

照明种类按照明的功能可分为五种，分别是：正常照明、事故照明、值班照明、警卫照明和障碍照明等。

1) 正常照明

在正常情况下使用的室内外照明都属于正常照明。《建筑电气设计技术规程》(JGJ 16—83)

规定：所有使用房间和供工作、运输、人行的屋顶、室外庭院和场地，皆应设置正常照明。它是指在正常工作时，要求能顺利地完成作业、保证安全通行和能看清周围的东西而设置的照明。

2) 事故照明

对正常照明因故障熄灭后，将会造成爆炸、火灾、人身伤亡等严重事故的场所，能继续工作而采用的照明称为事故照明。事故照明是供继续工作和疏散用的。在下列情况下，应设置供继续工作用的事故照明。

(1) 在正常照明熄灭后，由于工作中断或误操作，将引起爆炸、火灾等严重危险的厂房或场所。

(2) 可能引起生产过程长期破坏的厂房内和室外工作地点。

(3) 在无照明的情况下，由于设备继续运转或人员的通行，将造成设备和人身事故的地方。

(4) 由于照明中断，可能使发电厂、变电所、供水站、供热站、锅炉房等停止正常工作时。

供继续工作用的事故照明，应保证在正常照明发生故障而熄灭时，提供有关人员临时继续工作所需的视觉条件。为此，在需继续工作的工作面上，事故照明的照度不应低于正常照明总照度的 10%，并且在室内不应低于 2lx，企业场地不应低于 1lx，仅供人员疏散用的事故照明不应低于 0.5lx。

事故照明的灯具应布置在可能引起事故的设备、材料的周围和主要通道、危险地段、出入口等处。还应在事故照明和正常照明灯具上的明显部位涂以颜色标记。事故照明的光源选择，应采用能瞬时可靠地点燃或启动的灯具。

民用建筑内的下列场所应设置事故应急照明：高层建筑的疏散楼梯、消防电梯及其前室、配电室、消防控制室、消防水泵房和自备发电机房以及建筑高度超过 24m 的公共建筑内的疏散走道、观众厅、展览厅、餐厅和商业营业厅等人员密集的场所，以及医院手术室、急救室等。

3) 值班照明

利用正常照明中能单独控制的一部分，或事故的一部分甚至全部，作为值班时一般观察用的照明，称为值班照明。

4) 警卫照明

按警戒任务的需要，在厂区、仓库区或其他设施警卫范围内装设的照明为警卫照明。是否设置警卫照明应根据企业的重要性和有关保卫部门的要求来决定。在安装警卫照明的场所宜尽量与厂区照明合用。

5) 障碍照明

为确保夜行的安全，在飞机场附近较高的构筑物和建筑物上，或船舶通行航道两侧修建的障碍指示设施上设置的照明，称为障碍照明。障碍照明应选择穿透雾强的红光灯具。障碍灯的装设，可按下列要求考虑：高层建筑物可只在顶部装设，水平面积较大的高层建筑物，除在其顶部装设外，还须在其转角的顶端装设；高度在 100m 以上的构筑物，还应在其 1/3 处、1/2 处的高度装设障碍灯；障碍灯每盏不应小于 100W，而且应装设成三角形的方式布置；障碍灯的设置，应考虑维修方便。

【案例 7-3】

建筑电气系统是管理建筑用电的一种系统，建筑电气系统主要有下述五部分：供配电系统、动力设备系统、照明系统、防雷和接地装置和弱电系统。试结合本节内容，分别阐述供配电系统、动力设备系统以及照明系统。

7.5 建筑照明与动力系统制图的一般规定

7.5.1 电气供应系统施工图绘制要求

1. 制图比例

大部分电气图都是采用图形符号绘制的，是不按比例绘制的。但位置图即施工平面图、电气构建详图一般是按比例绘制的，且多用缩小比例绘制。通用的缩小比例系数为 1：10、1：20、1：50、1：100、1：200、1：500。最常用的缩小比例系数为 1：100，即图纸上图线长度为 1，其实际长度为 100。

对于选用的比例应在标题栏比例一栏中注明。标注尺寸时，不论选用放大比例还是缩小比例，都必须标注物体的实际尺寸。

2. 图线

绘制电气图所使用的各种线条称为图线，图线的线型、线宽及用途如表 7-1 所示。

表 7-1　图线及其应用

图线名称	图线形式	代号	图线宽度/mm	电气图应用
粗实线	——————	A	$b = 0.5\sim2$	母线，总线，主电路图
细实线	——————	B	约 $b/3$	可见导线，各种电气连接线，信号线
虚线	---------	F	约 $b/3$	不可见导线，辅助线
细点画线	—·—·—·—	G	约 $b/3$	功能和结构图框线
双点画线	——··——··	K	约 $b/3$	辅助图框线

3. 图例

绘制电气图所使用的各种常见的图例如表 7-2 所示。

表 7-2　电气制图常用图例

符　号	设备名称	备　注
▨	配电箱	下皮距地 1.6m 暗装
▨	AP-C	下皮距地 1.6m 明装
◨	AL-R	下皮距地 1.6m 明装
◓	壁灯	距地 2.5m 墙上安装
◖	吸顶灯	吸顶安装

符　号	设备名称	备　注
⊗	排风扇	吸顶安装
F	防水双管荧光灯	吸顶安装
	双管荧光灯	吸顶安装
	单管荧光灯	吸顶安装
	单相二三孔插座	下皮距地 0.3m 暗装
K	单相三孔插座(带开关)	下皮距地 1.8m 暗装
	电铃	距顶 0.7m 安装
VP	电视设备箱	下皮距地 1.6m 暗装
	电话设备箱	下皮距地 1.6m 暗装
	网络设备箱	下皮距地 1.6m 暗装
TO	网络插座	下皮距地 0.3m 暗装
TP	电话插座	下皮距地 0.3m 暗装
TV	电视插座	下皮距地 0.3m 暗装

4. 指引线

指引线用于指示注释的对象，其末端指向被注释处，并在其末端加注不同标记，如图 7-6 所示。

5. 中断线

在电气工程图中，为了简化制图，广泛使用中断线的表示方法，常用的表示方法如图 7-7 和图 7-8 所示。

(a) 末端在轮廓线内　　(b) 末端在轮廓线上　　(c) 末端在电路线上

图 7-6　指引线

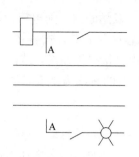

图 7-7　穿越图面的中断线

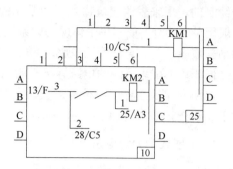

图 7-8　引向另一图纸的导线的中断线

7.5.2　建筑电气施工图的文字符号

建筑电气工程图的文字符号分为基本文字符号和辅助文字符号两种。一般标注在电气设备、装置、元器件图形符号上或其近旁，以表明电气设备、装置和元器件的名称、功能、状态和特征。

1. 基本文字符号

基本文字符号分为单字母符号和双字母符号。单字母符号使用大写的拉丁字母将各种电气设备、装置和元器件划分为 23 大类，每大类用一个专用字母符号表示，如 M 表示电动机，C 表示电容器类等。

双字母符号是由一个表示种类的单字母符号与另一个表示功能的字母结合而成，其组合形式以单字母符号在前，而另一字母在后的次序标出。如 KA 表示交流继电器，KM 表示接触器等。

2. 辅助文字符号

辅助文字符号用以表示电气设备、装置和元器件以及线路的功能、状态和特征，如 ON 表示开关闭合，RD 表示红色信号灯等。辅助文字符号也可放在表示种类的单字母符号后边，组合成双字母符号。

3. 补充文字符号

如果基本文字符号和辅助文字符号不够使用，还可进行补充。当区别电路图中相同设备或电器元件时，可使用数字序号进行编号，如"1T"(或 T1)表示 1 号变压器，"2T"(或 T2)表示 2 号变压器等。

7.6　建筑照明与动力系统施工图识读

7.6.1　动力系统图

动力系统图是建筑电气工程图中最基本、最常用的图纸之一，是用图形符号、文字符

号绘制的，用来表达建筑物内动力系统的基本组成及相互关系的电气工程图，动力系统图一般用单线绘制，能够集中体现动力系统的计算电流、开关及熔断器、配电箱、导线或电缆的型号规格、保护套管管径和敷设方式、用电设备名称、容量及配电方式等。

低压动力配电系统的电压等级一般为 380/220V 中性点直接接地系统，线路一般从建筑物变电所向建筑物各用电设备或负荷点配电。低压配电系统的接线方式有三种：放射式、树干式和链式(是树干式的一种变形)。

1. 放射式动力配电系统

图 7-9 所示为放射式动力配电系统图，这种供电方式的可靠性较高，当动力设备数量不多、容量大小差别较大、设备运行状态比较平稳时，可采用这种接线方案。这种接线方式的主配电箱宜安装在容量较大的设备附近，分配电箱和控制开关与所控制的设备安装在一起。

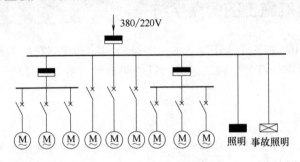

图 7-9　放射式动力配电系统图

2. 树干式动力配电系统

图 7-10 所示为树干式动力配电系统图，当动力设备分布比较均匀，设备容量差别不大且安装距离较近时，可采用树干式动力系统配电方案。这种供电方式的可靠性比放射式要低一些，在高层建筑的配电系统设计中，垂直母线槽和插接式配电箱组成树干式配电系统。

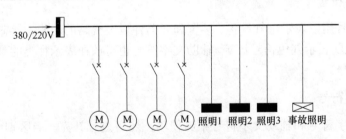

图 7-10　树干式动力配电系统图

3. 链式动力配电系统

图 7-11 所示为链式动力配电系统图，当设备距离配电屏较远，设备容量比较小且相距比较近时，可以采用链式动力配电方案。这种供电方式可靠性较差，一条线路出现故障，可影响多台设备正常运行。链式供电方式由一条线路配电，先接至一台设备，然后再由这台设备接至相邻近的动力设备，通常一条线路可以接 3～4 台设备，最多不超过 5 台，总功率不超过 10kW。

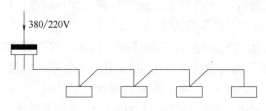

图 7-11　链式动力配电系统图

图 7-12 所示为某锅炉房的动力系统图。图 7-12 中共五台配电箱，其中 AP1～AP3 三台配电箱内装有断路器、接触器和热继电器，也称控制配电箱；另外两台配电箱 ANX1 和 ANX2 内装有操作按钮，也称按钮箱。

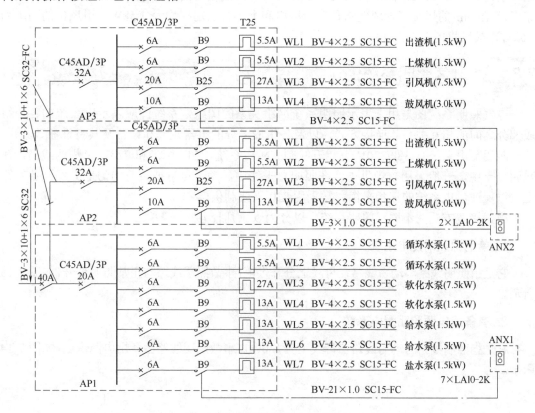

图 7-12　某锅炉房的动力系统图

电源从 AP1 箱左端引入，使用三根截面积 $10\,\mathrm{mm}^2$ 和一根截面积 $6\,\mathrm{mm}^2$ 的 BX 型橡胶绝缘铜芯导线，穿直径 32mm 焊接钢管。电源进入配电箱后接主开关，型号为 C45AD/3P-40，额定电流为 40A，D 表示短路动作电流为 10～14 倍额定电流。主开关后是本箱 AP1 主开关，额定电流为 20A 的 C45A 型断路器，配电箱 AP1 共有七条输出支路，分别控制七台水泵。每条支路均使用容量为 6A 的 C45A 型断路器，后接 B9 型交流接触器，用作电动机控制，热继电器为 T25 型，动作电流为 5.5A，作为电动机过载保护。操作按钮箱装在 ANX1 中，箱内有七只 LA10-2K 型双联按钮，控制线为 21 根截面积为 $1.0\,\mathrm{mm}^2$ 的塑料绝缘铜芯导线，穿直径 25mm 焊接钢管沿地面暗敷。从 AP1 配电箱到各台水泵的线路，均为四根截面积

2.5mm² 的塑料绝缘铜芯导线，穿直径 12mm 焊接钢管埋地暗敷。四根导线中三根为相线，一根为保护中性线，各台水泵功率均为 1.5kW。

AP2 和 AP3 为两台相同的配电箱，分别控制两台锅炉的风机(鼓风机、引风机)和煤机(上煤机、出渣机)。到 AP2 箱的电源从 AP1 箱 40A 开关右侧引出，接在 AP2 箱 32A 断路器左侧，使用三根截面积为 10mm² 和 1 根截面积为 6mm² 塑料铜芯导线，穿直径 32mm 焊接钢管埋地暗敷。从 AP2 配电箱主开关左侧引出 AP3 配电箱相电源线，与接 AP2 配电箱的导线相同。每台配电箱内有四条输出回路，其中出渣机和上煤机两条回路上装有容量为 6A 的断路器、引风机回路装有容量为 20A 的断路器、鼓风机回路装有容量为 10A 的断路器。引风机回路的接触器为 B25 型，其余回路的接触器均为 B9 型。热继电器均为 T25 型，动作电流分别为 5.5A、5.5A、27A 和 13A，导线均采用四根截面积 2.5 mm² 塑料绝缘铜芯导线，穿直径 15mm 的焊接钢管埋地暗敷。出渣机和上煤机的功率均为 1.5kW，引风机的功率为 7.5kW，鼓风机的功率为 30kW。

7.6.2 电气照明系统图

电气照明系统图是用来表示照明系统网络关系的图纸，系统图应表示出系统的各个组成部分之间的相互关系、连接方式，以及各组成部分的电器元件和设备及其特性参数。

照明配电系统有 380/220V 三相五线制(TN-C 系统、TT 系统)和 220V 单相两线制。在照明分支中，一般采用单箱供电，在照明总干线中，为了尽量把负荷均匀地分配到各线路上，以保证供电系统的三相平衡，常采用三相五线制供电方式。

根据接线方式的不同，照明系统可以分为以下几种方式。

1. 单电源照明配电系统

它是指照明线路与动力线路在母线上分开供电，事故照明线路与正常照明分开，如图 7-13 所示。

2. 有备用电源照明配电系统

它是指照明线路与动力线路在母线上分开供电，事故照明线路由备用电源供电，如图 7-14 所示。

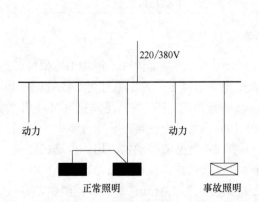

图 7-13　单电源照明配电系统

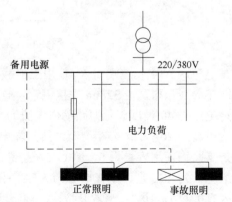

图 7-14　有备用电源照明配电系统

3. 多层建筑照明配电系统

多层建筑照明一般采用干线式供电，总配电箱设在底层，如图 7-15 所示。

在电气照明系统图中，可以清楚地看出照明系统的接线方式及进线类型与规格、总开关型号、分开关型号、导线型号规格、管径及敷设方式、分支路回路编号、分支回路设备类型、数量及计算负荷等基本设计参数，如图 7-16 所示，该图为一个分支照明线路的照明配电系统图，从图中可知：电源为单电源，进线为五根 10 mm^2 的 BV 塑料铜芯导线，绝缘等级为 500V，总开关为 C45N 型断路器，四极，整定电流为 32A，照明配电箱分六个回路，即三个照明回路、两个插座回路和一个备用回路。三个照明回路分别列到 L1、L2、L3 三相线上，三个照明回路均为两根 2.5 mm^2 的铜芯导线，穿直径 20mm 的 PVC 阻燃塑料管在吊顶内敷设。两路插座回路分别列到 L1、L2 相线，L3 相引出备用回路，插座回路导线均为三根 2.5 mm^2 的 BV 塑料铜芯导线，敷设方式为穿直径 20mm 的 PVC 阻燃塑料管沿墙内敷设。

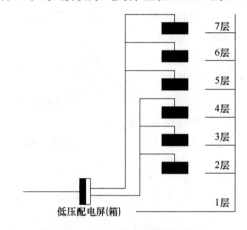

图 7-15　多层建筑配电系统

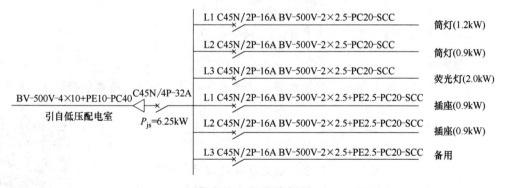

图 7-16　照明系统图

 本章小结

本章主要讲述了建筑电气系统的基础知识，建筑供配电系统、低压配电系统保护装置、建筑电气照明与动力系统，电气系统制图的一般规定以及电气照明与动力系统施工图的识

读与施工方法。学生通过学习本章内容，可以熟练掌握电气系统施工图的识读以及建筑电气设备的施工方法。

实训练习

一、单选题

1. 电源电压为 380V，采用三相四线制供电，负载为额定电压 220V 的白炽灯，负载就采用( )连接方式，白炽灯才能在额定情况下正常工作。

　　A. 负载应采用星形连接　　　　　　B. 负载应采用三角形连接

　　C. 直接连接　　　　　　　　　　　D. 不能相连

2. 输配电线路和变压器上的损耗称为( )。

　　A. 铁损和铜损　　　B. 网络损耗　　　C. 附加损耗　　　D. 线路损耗

3. 对称短路是电力系统中( )短路。

　　A. 三相　　　　　B. 二相　　　　　C. 单相　　　　　D. 两极接地

4. 发电机额定电压比线路额定电压( )。

　　A. 高 5%　　　　B. 低 5%　　　　C. 高 10%　　　　D. 相等

5. 特别适合于城市、住宅小区的供电方式是( )。

　　A. 树干式供电　　B. 放射式供电　　C. 环网供电　　　D. 链式供电

二、填空题

1. 建筑施工现场的电气工程中，主要有以下四种接地( )、( )、( )、( )。

2. 热继电器的作用是( )。

3. 开关箱必须装设( )和( )。

4. 电力系统由( )、( )、( )及( )组成。

5. 供配电系统中的供电质量主要有( )和( )。

三、简答题

1. 在电动机的控制电路中，热继电器与熔断器各起什么作用？两者能否相互替换？为什么？

2. 低压断路器具有哪些脱扣装置？分别说明其功能。

3. 电气控制系统的保护环节有哪些？

4. 中间继电器的作用是什么？中间继电器与接触器有何异同？

5. 接触器的主要结构有哪些？交流接触器和直流接触器如何区分？

第 7 章习题答案.doc

实训工作单1

班级		姓名		日期	
教学项目		建筑照明系统施工图的识读			
学习项目	电气照明系统图的识读		学习要求	掌握电气照明系统图的识读方法	
相关知识	电气照明系统基本知识				
其他项目					

现场过程记录

评语			指导老师	

实训工作单 2

班级		姓名		日期	
教学项目	建筑动力系统施工图的识读				
学习项目	动力系统图的识读		学习要求	掌握动力系统图的识读方法	
相关知识	建筑动力系统基本知识				
其他项目					

现场过程记录

评语				指导老师	

第8章　安全用电与建筑防雷

【教学目标】

1. 了解触电形式以及安全用电标识。
2. 了解建筑物防雷的组成及原理。
3. 掌握施工现场安全用电。
4. 了解建筑施工用电常见的安全隐患。

【教学要求】

第8章.pptx

本章要点	掌握层次	相关知识点
安全用电	1. 了解触电形式 2. 掌握安全用电标识 3. 了解工地施工用电基本要求	1. 单相触电 2. 两相触电 3. 跨步电压触电
建筑物防雷	1. 了解建筑物防雷的基本知识 2. 建筑防雷接地工程施工工艺流程 3. 掌握防雷施工的要求 4. 学会防雷施工的工艺做法	1. 接闪器 2. 引下线 3. 接地装置 4. 等电位联结
施工现场安全用电	1. 了解施工现场安全用电 2. 掌握建筑施工用电常见的安全隐患 3. 掌握建筑施工用电安全隐患的整治措施	1. 设备的不安全因素 2. 电线、电缆敷设存在严重安全隐患 3. 膨胀土地基的膨胀等级表

【案例导入】

　　1749 年，富兰克林在一次实验中，为了增大电容量，他把几个莱顿瓶连接在一起。当时，他的妻子丽达正在一旁观看他的实验。她无意中碰到了莱顿瓶上的金属杆，只见一团电火花冒出，并随之传出一声怪响，丽达受到了电击，应声倒地。幸好当时的电容量不大，丽达躺了一个星期后才慢慢好转。

【问题导入】

　　结合案例，思考触电对人体的危害有多大呢？怎样才能避免触电？

8.1 安全用电

8.1.1 触电形式

1. 单相触电

单相触电是指人站在地面或接地导体上，人体触及电器设备带电的任何一相所引起的触电。

2. 两相触电

两相触电是指人体的两个部位同时触及两个不同相序带电体所引起的触电事故。

3. 跨步电压触电

当电网的一相导线折断碰地或电气设备绝缘损坏或接地装置有雷电流通过，就有电流流入大地，如果人的双脚分开站立或者走动，由于两脚之间点位不同，双腿间就有电流通过。

8.1.2 安全用电标志

明确统一的标志是保证用电安全的一项重要措施。统计表明，不少电气事故完全是由于标志不统一而造成的。例如由于导线的颜色不统一，误将相线接设备的机壳，而导致机壳带电，酿成触点伤亡事故。

安全用电标志图.docx

标志分为颜色标志和图形标志。颜色标志常用来区分各种不同性质、不同用途的导线，或用来表示某处安全程度。图形标志一般用来告诫人们不要去接近有危险的场所。为保证安全用电，必须严格按有关标准使用颜色标志和图形标志。我国安全色标采用的标准，基本上与国际标准草案相同。一般采用的安全色有以下几种。

(1) 红色：用来标志禁止、停止和消防，如信号灯、信号旗、机器上的紧急停机按钮等都是用红色来表示"禁止"的信息。

(2) 黄色：用来标志注意危险。如"当心触点""注意安全"等。

(3) 绿色：用来标志安全无事。如"在此工作""已接地"等。

(4) 蓝色：用来标志强制执行，如"必须戴安全帽"等。

(5) 黑色：用来标志图像、文字符号和警告标志的几何图形。

按照规定，为便于识别，防止误操作，确保运行和检修人员的安全，采用不同的颜色来区别设备特征。如电气母线，A 相为黄色，B 相为绿色，C 相为红色，明敷的接地线涂为黑色。在二次系统中，交流电压回路用黄色，交流电流回路用绿色，信号和警告回路用白色。

8.1.3 工地施工用电基本要求

(1) 施工现场临时用电设备在五台及以上或设备总容量在 50kW 及以上者，应编制用电工程施工组织设计，并进行审核、审批，监理审查，临时用电工程必须经编制、审核、批准部门和使用单位共同验收，合格后方可投入使用。

(2) 三级配电是指总配电箱、分配电箱、开关箱三级控制，实行分级配电。施工现场临时用电必须采取 TN-S 系统，符合"三级配电两级保护"，达到"一机一闸一漏一箱"的要求。总配电箱和开关箱中必须分别装设漏电保护器，实行至少两级保护。

(3) 电工必须持证上岗，安装、巡查、维修或拆除临时用电设备和线路必须由电工完成，施工现场临时用电必须建立安全技术档案，临时用电工程应按分部、分项工程定期进行检查，定期检查时，应复查接地电阻值和绝缘电阻值，并做好相关记录，严格实行一机、一闸、一漏、一箱的用电管理。

配电箱、开关箱的送电和停电的操作流程如下。

送电操作流程：总配电箱→分配电箱→开关电箱。

停电操作流程：开关箱→分配电箱→总配电箱。

(4) 配电系统应设置配电柜或总配电箱、分配电箱、开关箱，实行三级配电。配电系统宜使三相负荷平衡。220V 或 380V 单相用电设备宜接 220/380V 三相四线系统；当单相照明线路电流大于 30A 时，宜采用 220/380V 三相四线制供电。

(5) 总配电箱以下可设若干分配电箱；分配电箱以下可设若干开关箱。

总配电箱应设在靠近电源的区域，分配电箱应设在用电设备或负荷相对集中的区域，分配电箱与开关箱的距离不得超过 30m，开关箱与其控制的固定式用电设备的水平距离不宜超过 3m。

三级配电选用的配电箱应符合国家标准和地方要求，选用的电器元件应有生产许可证和产品合格证，配电箱应注明编号、责任单位、责任人和联系电话，箱内张贴配电线路图和巡检记录。

配电箱应采用冷轧钢板式阻燃绝缘材料制作，配电箱箱体钢板厚度不得小于 1.2mm，箱体表面应做防腐处理。

总配电箱，如图 8-1 所示，电器安装板必须分设 N 线端子板和 PE 线端子板。

① N 线端子板必须与金属电器安装板绝缘。

② PE 线端子板必须与金属电器安装板做电气连接。

③ 总配电箱应设置总隔离开关以及分路隔离开关和分路漏电保护器。

隔离开关应设置在电源进线端，应采用分断时具有可见分断点，并能同时断开电源所有极的隔离电器；如果采用分断时具有可见分断点的断路器，可不另设隔离开关。总配电箱、开关箱应设置漏电保护装置。

图 8-1　总配电箱

分配电箱应设在用电设备或负荷相对集中的区域，分配电箱与开关箱的距离不得超过30m；分配电箱应装设总隔离开关、分路隔离开关以及总断路器、分路断路器或总熔断器、分路熔断器。电源进线端严禁采用插头和插座做活动连接。固定式分配电箱中心点与地面的垂直距离应为1.4m，配电箱支架应采用L40×40×4mm角钢焊制。

开关箱必须装设隔离开关、断路器或熔断器，以及漏电保护器，隔离开关应采用分断时具有可见分段点，能同时断开电源所有极的隔离电器，并应设置于电源进线端。

开关箱漏电保护器额定漏电动作电流不应大于30mA，额定漏电动作时间不应大于0.1s，潮湿和腐蚀性场地漏电动作电流不应大于15mA。

(6) 开关箱与用电设备。

用于单台固定设备的开关箱宜采用钢管扣件固定在设备附近，固定式开关箱箱体中心距地面垂直高度为1.4～1.6m，移动式开关箱箱体中心距地面垂直高度为0.8～1.6m。

设备开关箱与其控制的固定用电设备的水平距离不宜超过3m。

电焊机变压器的一次侧电源线长度不应大于5m，其电源进线处必须设置防护罩，电焊机二次侧电源线应采用防水橡皮护套铜芯软电缆，电缆长度不应大于30m。

电焊机二次侧应安装触电保护器(空载降压保护装置)，电焊机外壳应做保护接零。

使用电焊机焊接时必须穿戴防护用品，严禁露天冒雨从事焊接作业。

(7) 楼层分配电中，电缆垂直敷设应利用工程中的竖井、垂直孔洞，宜靠近用电负荷中心。垂直布置的电缆每层楼固定点不得少于一处。

电缆固定宜采用角钢做支架，瓷瓶做绝缘子固定。

① 每层分配电箱电源电缆应从下一层分配电箱中总隔离开关上端头引出。

② 楼层电缆严禁穿越脚手架引入。

(8) 接地、接零保护系统及防雷情况如下。

① 在施工现场专用变压器的供电的TN-S接零保护系统中，电气设备的金属外壳必须与保护零线连接。保护零线应由工作接地线、配电室(总配电箱)电源侧零线或总漏电保护器电源侧零线处引出。

② 施工现场与外电线路共用同一供电系统时，电气设备的接地、接零保护应与原系统保持一致。不得一部分设备做保护接零，另一部分设备做保护接地。

③ 工作接地电阻不得大于4Ω，重复接地电阻不得大于10Ω。

④ 每一接地装置的接地线应采用两根及以上导体，在不同点与接地体做电气连接。不得采用铝导体做接地体或地下接地线。

音频 接地、接零保护系统及防雷.mp3

垂直接地体宜采用热镀锌扁钢、钢管或光面圆钢，不得采用螺纹钢和铝材，垂直接地体的间距一般不小于5m，接地体顶面埋深不应小于0.6m；水平接地线为热镀锌扁钢40×4、ϕ12的圆钢。

⑤ 施工现场起重机、物料提升机、施工升降机、脚手架应按规范要求采取防雷措施，防雷装置的冲击接地电阻值不得大于30Ω。

做防雷接地机械上的电气设备时，保护零线必须同时做重复接地。

(9) 施工现场电缆线铺设必须埋地或架空，电缆线中必须包含全部工作芯线和用作保护零线或保护线的芯线，需要三相四线制配电的电缆必须采用五芯电缆，电缆线路应采用埋地或架空敷设，严禁地面明设，并应避免机械损伤和介质腐蚀。

① 电缆类型应根据敷设方式、环境条件选择。电缆直接埋地敷设的深度不应小于 0.7m，并应在电缆紧邻上下左右侧均匀敷设不小于 50mm 厚的细砂，然后覆盖砖或混凝土板等硬质保护层。

② 埋地电缆在穿越建筑物、构筑物、道路、易受机械伤害或介质腐蚀场所及引出地面从 2.0m 高到地下 0.2m 处，必须加设防护套管，防护套管内径不应小于电缆外径的 1.5 倍。

③ 埋地电缆与其附近外电电缆和管沟的平行间距不得小于 2m，交叉间距不得小于 1m。

④ 架空线路的档距不得大于 35m，架空线路的线距不得小于 0.3m，靠近电杆的两导线的间距不得小于 0.5m；架空线最大弧垂与地面的最小垂直距离为 4m。

⑤ 架空电缆应沿电杆、支架或墙壁敷设，并采用绝缘子固定，绑扎线必须采用绝缘线，固定点间距应保证电缆能承受自重所带来的荷载，沿墙壁敷设时最大弧垂距地面不得小于 2.0m。

⑥ 电缆线路必须有短路保护和过载保护，短路保护和过载保护电器与电缆的选配应符合相关要求。

(10) 现场照明情况如下。

① 一般场所宜选用额定电压为 220V 的照明。

② 室外 220V 灯具距离地面不得低于 3m，室内 220V 灯具距离地面不得低于 2.5m，在隧道、高温、有导电灰尘、比较潮湿或者灯具离地面高度低于 2.5m 等场所的照明，电源电压不应大于 36V。

③ 潮湿和易触及带电体场所的照明，电源电压不得大于 24V。

④ 特别潮湿的场所、导电良好的地面、锅炉或金属容器内照明，电源电压不得大于 12V。

⑤ 照明灯具的金属外壳必须与 PE 线相连接，照明开关箱内必须设置隔离开关、短路与过载保护器和漏电保护器。

⑥ 普通灯具与易燃物距离不宜小于 300mm。

聚光灯、碘钨灯等高热灯具与易燃物距离不宜小于 500mm，且不得直接照射易燃物。

(11) 外电防护情况如下。

① 在建工程不得在外电架空线路正下方施工、搭设作业棚、建造生活设施或堆放构件、架具、材料及其他杂物等。

② 在建工程(含脚手架)的周边与外电架空线路的边线的最小安全操作距离应符合要求。

③ 在施工现场一般采取搭设防护架，其材料应使用木质等绝缘性材料。

防护架距外电线路一般不小于 1m，必须停电搭设(拆除时也要停电)。防护架距作业面较近时，应使用硬质绝缘材料封严，防止脚手架、钢筋等误穿越触电，当架空线路在塔吊等起重机械的作业半径范围内时，其线路上方也应有防护措施，搭设成门形，其顶部可用 5cm 厚的木跳板或相当于 5cm 木板强度的材料盖严。为警示起重机作业，可在防护架上端间断设置小彩旗，夜间施工应有彩灯(或红色灯泡)，其电源电压应为 36V。

④ 施工现场的机动车道与外电架空线路交叉时，架空线路的最低点与路面的最小垂

直距离应符合规定。

⑤ 起重机严禁越过无防护设施的外电架空线路作业。在外电架空线路附近吊装时，起重机的任何部位或被吊物边缘在最大偏斜时与架空线路边线的最小安全距离应符合规定。

⑥ 施工现场开挖沟槽边缘与外电埋地电缆沟槽边缘之间的距离不得小于 0.5m。

⑦ 当架空线路与在建工程(含脚手架)的周边、机动车道及起重机等的最小安全距离达不到上述第④、⑤、⑥条时，必须采取绝缘隔离防护措施，并应悬挂醒目的警告标志。

⑧ 架设防护设施时，必须经有关部门批准，采用线路暂时停电或其他可靠的安全技术措施，并应有电气工程技术人员和专职安全人员监护。

⑨ 防护设施应坚固、稳定，且对外电线路的隔离防护应达到 IP30 级。

【案例 8-1】

施工现场用电与一般工业或居民生活用电相比具有临时性、流动性和危险性的特点。建筑施工现场的电工属于特种作业工种，必须按国家有关规定经专门安全作业培训，取得特种作业操作资格证书，方可上岗作业。其他人员不得从事电气设备及电气线路的安装、维修和拆除。结合本节内容，试分析现场施工用电安全的具体防范措施有哪些?

8.2 建筑物防雷

8.2.1 建筑防雷

除了普通用电防护措施外，我们还要提防的就是自然雷电。建筑防雷装置主要由接闪器、引下线和接地装置组成，原理就是把雷电导入地下。

建筑防雷图.docx

1. 接闪器

接闪器位于防雷装置的顶部，其作用是利用其高出被保护物的突出部位把雷电引向自身，承接直击雷放电。接闪器由下列各形式之一或任意几个组合而成：独立避雷针；直接装设在建筑物上的避雷针、避雷带或避雷网；屋顶上的永久性金属物及金属屋面；混凝土构件内钢筋。除利用混凝土构件内钢筋外，接闪器应镀(浸)锌，焊接处应涂防腐漆。在腐蚀性较强的场所，还应适当加大其截面或采取其他防腐措施。

接闪器的安装注意事项如下。

(1) 建筑物上的避雷针和建筑物顶部的其他金属物体应连接成一个整体。

(2) 不得在避雷针构架上架设低压线路或通讯信路。

(3) 不同平面的避雷带(网)至少应有两处互相连接，连接应采用焊接。

(4) 建筑物屋顶上的突出金属物体必须与避雷带(网)焊接成一体。

音频 建筑防雷的
组成.mp3

(5) 避雷带(网)在转角处应随建筑造型弯曲，一般不宜小于 90°，弯曲半径不宜小于圆钢直径的 10 倍，或扁钢宽度的 6 倍，绝对不能弯成直角。

(6) 安装好的避雷带(网)应平直、牢固，不应有高低起伏和弯曲现象，平直度每 2m 检查段允许偏差值不宜大于 3%。全长不宜超过 10mm。

2. 引下线

避雷引下线是将避雷针接收的雷电流引向接地装置的导体，按照材料可以分为：镀锌接地引下线和镀铜接地引下线、铜材引下线(此引下线成本高，一般不采用)、超绝缘引下线。

对于避雷引下线的一般规定如下。

(1) 引下线宜采用圆钢或扁钢，宜优先采用圆钢，圆钢直径不应小于 8mm。扁钢截面不应小于 48mm²，其厚度不应小于 4mm。

(2) 引下线应沿建筑物外墙明敷，并经最短路径接地；建筑艺术要求较高者可暗敷，但其圆钢直径不应小于 10mm，扁钢截面不应小于 80 mm²。

(3) 建筑物的消防梯、钢柱等金属构件宜作为引下线，但其各部件之间均应连电气通路。

(4) 采用多根引下线时，宜在各引下线上于距地面 0.3m 至 1.8m 之间装设断接卡。

(5) 当利用混凝土内钢筋、钢柱作为自然引下线并同时采用基础接地体时，可不设断接卡，利用钢筋作引下线时应在室内外的适当地点设若干连接板，该连接板可供测量、接人工接地和作等电位连接用。当仅利用钢筋作引下线并采用埋于土壤中的人工接地体时，应在每根引下线上于距地面不低于 0.3m 处设接地体连接板。采用埋于土壤中的人工接地体时应设断接卡，其上端应与连接板或钢柱焊接。连接板处宜有明显标志。

(6) 在易受机械损坏和防人身接触的地方，地面上 1.7m 至地面下 0.3m 的一段接地线应采取暗敷或镀锌角钢、改性塑料管或橡胶管等保护设施。

3. 接地装置

接地装置是接地体和接地线的总称，其作用是将闪电电流导入地下，防雷系统的保护在很大程度上与此有关。

关于接地装置的一般规定如下。

(1) 埋于土壤中的人工垂直接地体宜采用角钢、钢管或圆钢；埋于土壤中的人工水平接地体宜采用扁钢或圆钢。圆钢直径不应小于 10mm；扁钢截面不应小于 100 mm²，其厚度不应小于 4mm；角钢厚度不应小于 4mm；钢管壁厚不应小于 3.5mm。

(2) 在腐蚀性较强的土壤中，应采取热镀锌等防腐措施或加大截面。

(3) 接地线应与水平接地体的截面相同。

(4) 当接地线与电缆或其他电线交叉时，其间距至少要维持 25mm。

(5) 接地体(线)连接时的搭接长度为：扁钢与扁钢连接为其宽度的两倍，当宽度不同时，以窄的为准，且至少三个棱边焊接；圆钢与圆钢连接为其直径的 6 倍；圆钢与扁钢连接为圆钢直径的 6 倍。

4. 等电位联结

等电位联结是把建筑物内、附近的所有金属物，如混凝土内的钢筋、自来水管、煤气管及其他金属管道、机器基础金属物及其他大型的埋地金属物、电缆金属屏蔽层、电力系统的零线、建筑物的接地线统一用电气连接的方法连接起来(焊接或者可靠的导电连接)，使整座建筑物成为一个良好的等电位体。

等电位联结是内部防雷措施的一部分。当雷击建筑物时，雷电传输有梯度，垂直相邻层金属构架节点上的电位差可能达到 10kV 量级，危险性极大。但等电位联结将本层柱内主

筋、建筑物的金属构架、金属装置、电气装置、电信装置等连接起来,形成一个均压环,当闪电电流通过时,室内的所有设施立即形成一个"等电位岛",保证导电部件之间不会产生有害的电位差,不发生旁侧闪络放电,从而使用电设备、金属设施、电气线路以及人员不会受到雷电的伤害。

5. 接地装置

(1) 接地体(线)的连接应采用搭接焊,焊接倍数应符合规范规定。

(2) 电梯井、配电间内应敷有接地干线和接地端子。

(3) 高层建筑电气竖井内的接地干线,每隔三层应与相近楼板钢筋做等电位联结。

(4) 应在地面以上按设计要求的位置设置可供测量、接入工接地体和做等电位连接用的连接板。

【案例 8-2】

雷电是大自然的规律。建筑物无防雷装置会招致严重的雷击事故,即使建筑物有了直击雷防护措施,而其建设质量存在缺陷,或未设计感应雷防护措施也会造成严重的雷击事故。因此,我们要正确认识建筑物对防雷设施的要求。结合本节内容,思考对一座建筑物而言,如何才能确保建筑物不受雷击损坏及保护建筑物内人员和设备的安全呢?

8.2.2 建筑防雷接地工程施工工艺流程

1. 建筑防雷接地工程工艺流程

施工准备→接地装置安装→引下线暗敷→避雷带支架制作安装→支架→避雷网安装→避雷针安装→接地电阻测试。

2. 防雷施工的要求

(1) 材质符合规范和设计要求,连接可靠,防腐措施到位,接地系统畅通、完整。

(2) 利用建筑物基础钢筋做接地体和引下线连接规范,资料齐全;避雷带、接地线安装顺直、美观,固定牢固;屋面及外露金属构件接地完整;设备金属外壳及设备基础接地无遗漏。

(3) 接地点标识清楚,防雷接地测试点齐全。

(4) 接地线搭接符合要求。

3. 防雷施工的工艺做法

(1) 室外接地线必须为热镀锌材料,接地扁铁厚度不得小于 4mm,截面积不得小于100m^2。

(2) 扁钢与扁钢搭接为扁钢宽度的 2 倍,不少于三面施焊;圆钢与圆钢搭接为圆钢直径的 6 倍,双面施焊;圆钢与扁钢搭接为圆钢直径的 6 倍,双面施焊;扁钢与钢管,扁钢与角钢焊接,紧贴角钢外侧两面,或紧贴 3/4 钢管表面,上下双侧施焊。

(3) 利用底板钢筋网作接地连接线时,接地跨接钢筋应采用不小于 ϕ12 的热镀锌圆钢;焊缝应饱满并有足够的机械强度,不得有夹渣、咬肉、裂纹、虚焊、气孔等缺陷,焊接处的药皮要敲净。

(4) 利用柱主筋作防雷引下线时,当主筋采用螺纹连接时,螺纹连接的两端应作跨接处理。

(5) 焊接平滑、无加渣、咬肉、虚焊。

(6) 总等电位箱,必须做明显的接地标识,标注文字性的说明。

(7) 接地扁铁敷设前应调直,敷设时应立放,不得平放,因为立放时散流电阻较小;焊接长度应为扁铁宽度的两倍,并三面施焊,焊好后清除药皮,素土内敷设的扁铁必须刷沥青做防腐处理。

(8) 利用结构柱柱主筋(直径不小于ϕ12)作防雷引下线时,在每层钢筋绑扎时,按设计图纸要求,找出全部所需主筋位置,用油漆做好标记。

(9) 避雷线弯曲处不得小于90°,弯曲半径不得小于圆钢直径的10倍,转弯部分支架应不大于0.3m。焊缝应饱满并有足够的机械强度,焊接处的药皮要敲净,焊接后必刷防锈漆两道,面漆(银粉漆)两道。

(10) 屋顶接闪器如果采用混凝土支座,应将混凝土支座分开摆放,在两端支架间拉直线,然后将其他支座用水泥砂浆找平直,间距不得大于1.5m;当屋面为纯防水层时,支座下面应放置一层厚度不小于3mm的橡胶垫,以防伤害防水层。

(11) 接闪器采用热镀锌圆钢时,搭接长度为圆钢直径的6倍,并应双面焊接;如果采用热镀锌扁钢做接闪器时,搭接长度应不小于其宽度的两倍,至少三个棱边施焊,放置时与埋地敷设相反,必须平放;焊接处焊缝应饱满并有足够的机械强度,不得有夹渣、咬肉、裂纹、虚焊、气孔等缺陷,焊接处的药皮要敲净,焊接后必须刷防锈漆两道,面漆(银粉漆)两道。

(12) 暗装测试点一般距面地为0.5m,一般应标以如图8-2所示样的黑色记号;在检修用临时接地点处应刷白色底漆再标黑色记号,板面安装时应与结构装饰面平齐,且平直不歪斜。

测试点标识

图8-2 测试点标识

(13) 避雷网钢筋的安装应顺直、牢固,钢筋不应有高低起伏和弯曲现象,水平及垂直偏差全长不大于10mm。钢筋及附件均为热镀锌件,避雷支持件固定牢固,能承受大于

49N(5kg)的拉拔力，间距均匀，直线部分间距不大于 1m，支持件根部表面平整，观感好。

(14) 建筑物屋顶上有突出物，如金属旗杆、透气管、金属天沟、铁栏杆、爬梯、冷却水塔、电视天线等，这些部位的金属导体都必须与避雷网焊接成一体。

(15) 突出屋面的铸铁金属管道做防雷接闪器时，用管道吊件和避雷安装附件相连。

(16) 避雷网钢筋的安装应顺直，钢筋无弯曲现象，平直度每 2m 检查段允许偏差 3/1000，全长不大于 10mm。钢筋及附件均为热镀锌件，钢筋规格符合设计要求，固定牢固。避雷支持件固定牢固，间距均匀，直线部分间距不大于 1m，支持件根部表面平整，观感好，圆钢直径不得小于 8mm。

(17) 避雷线必须调直后方可进行敷设，弯曲处不应小于 90°，并不得弯成直角。引下线除设计有特殊要求外，镀锌扁钢截面不得小于 48mm^2，镀锌圆钢直径不得小于 ϕ8。

(18) 支持件的间距必须均匀，水平直线部分其各支点的间距不应大于 1m，垂直部分不大于 1.5m，弯曲部分为 0.3～0.5m，支架的安装高度为 100～200mm。

(19) 避雷针安装时，先将支座钢板的底板固定在预埋的地脚螺栓上，焊上一块肋板，将避雷针立起、找直、找正后进行点焊，然后加以校正，焊上其他三块肋板，最后将防雷引下线焊在底板钢板上，清除药皮刷防锈漆和银粉漆各两道。

(20) 屋顶避雷线应平直、牢固，不应有高低起伏和弯曲现象，距离建筑屋面应一致，当建筑物屋面有曲线时，避雷网应随建筑物屋面曲线敷设；屋面明敷避雷网时，重要建筑可使用 10m×10m 的网格，一般建筑物采用 20m×20m 的网格，设计特殊要求除外。

(21) 接闪器在建筑物的变形缝处应做防雷补偿措施。

(22) 接地干线应设有为测试接地电阻而预制的测试点，盒盖用可拆卸的螺丝螺母固定，盒盖必须做接地标记，一般规定为黑色的接地符号和文字说明。

(23) 等电位箱的外表面要满足建筑装饰美观要求，箱门(盖板)上必有"等电位联结端子箱，不可触动"标识，颜色为黑色。箱门应与装饰面平齐，不歪斜，无污染。

(24) 卫生间内作等电位连接，局部应与等电位端子箱 LEB 中的端子连接。卫生间在距地 0.3m 处设一等电位端子箱，至金属管道、金属器具接地线采用 PVC16 管内穿 BVR-4 mm^2 铜线(黄绿双色)可靠连接，每根连接线均由等电位端子箱单独接出，接地线连接后，墙面引出管口、接线盒及时封堵或封盖。

(25) 变配电室明敷接地干线安装：当沿建筑物墙壁水平敷设时，距地面高度为 250～300mm，且高度均匀一致；与建筑物墙壁间距为 10～15mm，且间距均匀一致。

8.3 施工现场安全用电

触电造成的伤亡事故是建筑施工现场的多发事故之一，因此，凡进入施工现场的每一个人员都必须高度重视安全用电工作。

8.3.1 施工现场安全用电

1. 配电箱、开关箱

(1) 施工现场所有配电箱、开关箱都要由专人负责(专业电工)，所有配电箱、开关箱应配锁,并标明其名称、用途,作出分路标记。

(2) 开关箱操作人员应熟悉开关电器的正确操作方法;施工现场停业作业 1h 以上时,应将动力开关箱断电上锁。

(3) 配电箱、开关箱内不得放置任何杂物,不得挂接其他临时用电设备;使用和更换熔断器时,要符合规格要求,严禁用铜丝等代替保险丝。

(4) 所有配电箱和开关箱每月必须由专业电工检查、维修一次,电工必须穿戴绝缘防护用品,使用电工绝缘工具;非电工人员不许私自乱接电器和动用施工现场的用电设备。

(5) 配电箱的进线和出线不得受外力,严禁与金属尖锐断口和强腐蚀介质接触。

2. 自备发电机组

(1) 大型桥梁施工现场、隧道和预制场地,应有自备电源,以免因电网停电造成工程损失和发生事故。

(2) 施工现场临时用自备发电机组的供配电系统应采用三相五线制中性点直接接地系统,并须独立设置,与外电线路隔离,不得有电气连接;自备发电机组电源应与外电线路电源联锁,严禁并列运行;发电机组应设置短路保护和过负荷保护。

(3) 发电机控制屏宜装设交流电压表、交流电流表、有功功率表、电度表、功率因数表、频率表和直流电流表。

(4) 发电机组的排烟管道必须伸出室外。发电机组及其控制配电室内严禁存放储油桶。

(5) 在非三相五线制供电系统中,电气设备的金属外壳应做接地保护,其接地电阻不大于 4Ω,并不得在同一供电系统上有的接地,有的接零。

3. 电动机械设备

(1) 塔式起重机、拌合设备、室外电梯,滑升模板、物料提升机等需要设置避雷装置的井字架等,除应做好保护接零外,电动机械的金属外壳,必须有可靠的接地措施或临时接地装置,防止电动机械的金属外壳带电,电流就会通过地线流入地下,从而避免人身触电事故的发生。

(2) 电动机械的供电线路必须按照用电规则安装,不可乱拉乱接。

(3) 电动施工机械的负荷线,必须按其容量选用无接头的多股铜芯橡皮护套软电缆,其中绿/黄色线在任何情况下只能用作保护零线或重复接地。

(4) 每一台电动机械的开关箱内,除应装设过负荷、短路、漏电保护装置外,还必须装设隔离开关,以便在发生事故时,迅速切断电源。

(5) 大型桥梁外用电梯,属于载人、载物的客货两用电梯;要设置单独的开关箱,特别要有可靠的极限控制及通信联络。

(6) 塔式起重机运行时,要注意与外电架空线路或其他防护设施保持安全距离。

(7) 移动电动机械时须事先关掉电源,不可带电移动电动机械。

(8) 电动机械发生故障需停电检修。同时,须悬挂"禁止合闸"等警告牌,或者派专人看守,以防有人误将闸刀合上。

(9) 电动机械操作人员要增强安全观念,严格执行机电设备安全操作规程。在操作时,应穿工作服、绝缘鞋等个人安全防护用品,严禁用手和湿布擦电动机械设备或在电线上悬挂衣物。

4. 电动工具的使用

(1) 施工现场使用的电动工具一般都是手持式的，如电钻、冲击钻、电锤、射钉枪、电刨、切割机、砂轮、手持式电锯等，按其绝缘和防触电性能可分为三类，即Ⅰ类工具、Ⅱ类工具、Ⅲ类工具。

(2) 一般场所(空气湿度小于 75%)可选用Ⅰ类或Ⅱ类手持式电动工具，其金属外壳与 PE 线的连接点不应少于两处。装设的额定漏电动作电流不大于 15mA，额定漏电动作时间小于 0.1s 的漏电保护器。

(3) 在潮湿场所或金属构架上操作时，必须选用Ⅱ类或由安全隔离变压器供电的Ⅲ类手持式电动工具，严禁使用Ⅰ类手持式电动工具。使用金属外壳Ⅱ类手持式电动工具时，其金属外壳可与 PE 线相连接，并设漏电保护。

(4) 在狭窄场所(锅炉内、金属容器、地沟、管道内等)作业时，必须选用由安全隔离变压器供电的Ⅲ类手持式电动工具。

(5) 手持电动工具应配备装有专用的电源开关和漏电保护器的开关箱，严禁一个开关接两台或两台以上设备，其电源开关应采用双刀控制；使用手持电动工具前，必须检查外壳、手柄、负荷线、插头等是否完好无损，接线是否正确(防止相线与零线错接)。

(6) 手持电动工具开关箱内应采用插座连接，其插头、插座应无损坏，无裂纹，且绝缘良好；发现手持电动工具外壳、手柄破裂时，应立即停止使用并进行更换。

(7) 手持式电动工具的负荷线应采用耐气候型橡皮护套铜芯软电缆，并且不得有接头，在使用前必须做空载检查，运转正常后方可使用。

(8) 作业人员使用手持电动工具时，应穿绝缘鞋，戴绝缘手套，操作时握其手柄，不得利用电缆提拉。

(9) 长期搁置不用或受潮的工具在使用前应由电工测量绝缘阻值是否符合要求。

5. 施工现场照明电器

(1) 一般场所选用额定电压为 220V 的照明器，特殊场所必须使用安全电压照明器，如隧道工程、有高温、导电灰尘或灯具距地高度低于 2.4m 的场所，电源电压应不大于 36V；在潮湿和易触及带电体场所内的照明电源电压不得大于 24V；特别潮湿的场所，导电良好地面、锅炉或金属容器、管道内工作的照明电源电压不得大于 12V。

(2) 临时照明线路必须使用绝缘导线。户内(1 棚)临时线路的导线必须安装在离地 2m 以上的支架上；户外临时线路必须安装在离地 2.5m 以上的支架上，零星照明线不允许使用花线，一般应使用软电缆线。

(3) 在坑洞内作业，夜间施工或作业工棚、料具堆放场、仓库、办公室、食堂、宿舍及自然采光差的场所，应设一般照明、局部照明或混合照明。在一个工作场所内，不得只设局部照明。

(4) 停电后作业人员需及时撤离现场的特殊工程，如夜间高处作业工程、隧道工程等，还必须装设由独立自备电源供电的应急照明。

(5) 对于夜间可能影响飞机及其他飞行器安全通行的主塔及高大机械设备或设施，如塔式起重机外用电梯等，应在其顶端设置醒目的红色警戒照明。

(6) 正常湿度(≤75%)的一般场所，可选用普通开启式照明器。

(7) 潮湿或特别潮湿(相对湿度>75%)的场所，属于触电危险场所，必须选用密闭性防水照明器或配有防水灯头的开启式照明器。

(8) 含有大量尘埃但无爆炸和火灾危险的场所，属于触电一般场所，必须选用防尘型照明器，以防灰尘影响照明器安全发光。

(9) 有爆炸和火灾危险的场所，亦属触电危险场所，应按危险场所等级选用防爆型照明器。

(10) 存在较强振动的场所，必须选用防振型照明器。

(11) 有酸碱等强腐蚀介质的场所，必须选用耐酸碱型照明器。

(12) 一般 220V 灯具室外高度不低于 3m，室内不低于 2.4m；碘钨灯及其他金属卤化物灯安装高度宜在 3m 以上。

(13) 任何灯具必须经照明开关箱配电与控制，应配置完整的电源隔离、过载与短路保护及漏电保护电器；路灯还应逐灯另设熔断器保护；灯具的相线开关必须经开关控制，不得直接引入灯具。

(14) 进入开关箱的电源线，严禁用插销连接。

(15) 暂设工程的照明灯具宜用拉线开关控制，其安装高度为距地面 2～3m，职工宿舍区禁止设置床头开关。

6. 施工现场安全用电技术档案

(1) 施工现场用电组织设计的全部资料。

(2) 修改施工现场用电组织设计资料。

(3) 用电技术交底资料。

(4) 施工现场用电工程检查验收表。

(5) 电气设备试、检验凭单和调试记录。

(6) 接地电阻、绝缘电阻和漏电保护器、漏电动作参数测定记录表。

(7) 定期检(复)查表。

(8) 电工安装、巡检、维修、拆除工作记录。

施工现场安全用电
技术档案.mp4

7. 漏电失灵

(1) 对于电焊机等起动电流较大的设备，一般应选用对浪涌过电压、过电流不太敏感的电磁型漏电保护器；或选用比电焊机额定电流大两倍的电子式漏电保护器。但作为末级漏电保护，额定漏电动作电流不应大于 30mA，同时应装设二次降压保护功能的专用保护器。

(2) 对于现场机械设备严格实行："一机一闸一漏一箱"制。

(3) 要严格区分工作零线与保护零线，并进行正确接线，漏电保护器标有负荷侧和电源侧时，应按规定安装接线。

(4) 三极四线式或四极式漏电保护器的中性线应接入漏电保护器。经过漏电保护器的工作零线不得作为保护零线、不能作为重复接地或接设备外露可导电部分。负荷侧的工作零线，不得与其他回路共用。

(5) 漏电保护器的额定电压、额定电流、短路分断能力、额定漏电动作电流、分断时间满足被保护供电线路和电气设备的要求。

(6) 根据电气设备的传电方式选用漏电保护器。

8. 不能按要求使用安全电压

(1) 安全电压是为防止触电事故而采用的 50V 以下特定电源供电的电压系列，分为 42V、36V、24V、12V 和 6V 五个等级，根据不同的作业条件，选用不同的安全电压等级。

(2) 特殊场所必须采用电压照明供电。

(3) 室内灯具离地面低于 2.4m，手持照明灯具，一般潮湿作业场所(地下室、潮湿室内、潮湿楼梯、隧道、人防工程以及有高温、导电灰尘等)的照明，电源电压应不大于 36V。

(4) 在潮湿和易触及带电体场所的照明电源电压，应不大于 24V。

(5) 在特别潮湿的场所，锅炉或金属容器内，导电良好的地面使用手持照明灯具等，照明电源电压不得大于 12V。

8.3.2 建筑施工用电常见的安全隐患

施工用电安全
隐患图.docx

1. 设备的不安全因素

现在，建筑施工现场使用的电气设备，其产品的设计一般为通用型，很多不适应施工现场和使用环境(多尘、室外、潮湿、移动，加上高温季节等)，很多电器(漏电开关、空气开关等)新产品的参数正确、状态正常，使用一段时间后反应迟缓，漏电动作数据不准确，甚至失效；有的电气设备部件损坏后没有及时修复、更换，而是采取不安全的替代措施，例如：电焊机二次侧搭铁线损坏或遗失后不及时添置，而用钢筋、扁钢等替代；有的施工企业为降低成本而采购低价的电气产品甚至劣质产品，这些电气产品的技术参数不稳定，安全性能差；有的则不按产品技术要求使用电气设备，使设备的安全性能大打折扣。这些都是安全隐患。

2. 用电线路系统设置不规范

《施工现场临时用电安全技术规范》(以下简称《规范》)规定施工现场临时用电工程必须采用 TN—S 系统，设置专用的保护零线，三级配电、两级及以上保护，确保"一机一闸一箱一漏"。目前大部分工地的线路敷设较为马虎，存在以下现象：配电线路架设在外脚手架或井字架上；电缆线路拖地，私拉乱接，根本毫无规律可言；电缆线路埋设深度较浅，上下缺 50mm 的细砂，埋地电缆引出地面 2m 至地下 0.2m 处未加保护套管；电缆接头防水性能差；架空线路的电杆没有采用混凝土杆或木杆；电杆杆径细、埋地深度浅、长度不符合要求，档距超过规定，致使电线弧垂度大；电杆的终端杆、转角杆没有加装平衡拉线，电杆上缺少绝缘子，横担上线路排列混乱等。

3. 接地与防雷不规范

《规范》中严格规定："不得一部分设备做保护接零，另一部分设备做保护接地。"但有些施工现场仍然在这样做，或者重复接地组数达不到要求。《规范》中规定 TN 系统中保护零线除必须在配电室或总配电箱处做重复接地外，还必须在配电系统的中间处和末端处做重复接地，也就是说，施工现场要有不少于三组的重复接地。但是在检查中发现少部分施工现场(特别是联营队伍)只是在总配电箱处做一组重复接地。有极个别工地在开关箱处做的重复接地体不是角钢、钢管或光面圆钢，而是错误地用螺纹钢。

4. 电线、电缆敷设存在严重安全隐患

施工现场电缆拖地(或沿脚手架敷设)的现象随处可见,而《规范》中规定:"电缆干线应采用埋地或架空敷设,严禁沿地面明设。"建设工程施工用电的电缆敷设,可以架空,也可以埋地(或穿管),但不能拖地。工程到了装修阶段,因为粉刷现场太暗,临时照明电缆拖地;切割墙面开凿管槽,切割机电缆拖地;焊接金属构件、防雷接地,电焊机一次电源电缆拖地;最严重的是电动工具使用塑料软线拖地敷设。对电缆、电线拖地,没有采取任何安全保护措施,不管日晒雨淋,任凭人踩车压,一旦这些电缆、电线绝缘层老化、破损,漏电触电事故就在所难免。

【案例 8-3】

由于建筑工程的施工现场存在大量的临时设施,人员、机械频繁流动,再加上交叉作业较多及作业环境相对恶劣,在管理安全时需要处理好多种危险因素。因此,必须采用对应的措施强化安全管理工作。结合本节内容,简述建筑施工用电常见的安全隐患。

8.3.3 建筑施工用电安全隐患的整治措施

对于存在的用电安全隐患必须加大力度清理整顿,以防患于未然。主要应从以下几个方面进行整治和规范。

音频 建筑施工用
电安全隐患的整治
措施.mp3

1. 建章立制

建立健全施工现场安全管理制度及现场临时用电责任制和安全操作规程。明确临时用电电工的具体工作范围;配电箱、开关箱除须标号外,电工还要对该箱的停电、送电、维修负责。

2. 加大安全经费投入,配备必要的安全防护用品

增强自我保护意识,施工企业要加大安全经费的投入,使各种必要的用电防护措施和防护用品有足够的资金保障。项目部应针对气候(高温与潮湿)与施工环境的特点对危险部位采取必要的防护措施;项目部还要根据施工项目及工种的特点,为在施工现场直接使用电气设备的人员配备合格的防触电方面的防护用品(如绝缘手套、绝缘鞋等),并督促其正确使用;要教育操作人员提高自我保护意识,杜绝违章操作,严禁在无监护人员的情况下带电操作。

3. 强化管理,普及安全用电知识教育

建筑施工企业应加强施工现场用电知识的普及,项目部管理人员要重视现场用电的安全,增加安全教育中的安全用电知识内容;教育有关操作人员正确使用电气设备、手持电动工具,提高预防触电的防范意识,严格执行持证上岗制度;对作业人员应针对环境(高温与潮湿)等因素进行必要的有针对性的临时用电安全教育和交底;应在项目部及各施工班组设立意外伤害急救人员,急救人员必须有触电后急救等方面的培训,并根据施工现场应急预案对触电事故发生后的急救进行定期演练,熟悉急救程序,以减少触电死亡事故发生带来的危害。

4. 要严格执行"三级配电二级保护"用电安全规范

隔离开关和分路隔离开关，自动开关和分路自动开关，熔断器和分路熔断器，电流表、电压、电度表等应配置齐全。动力配电与照明配电也应分别设置。总配电箱、分配电箱、开关箱配置齐全。总配电箱、分配电箱，必须设置漏电保护装置。而且，在特别潮湿、容易被碾压、容易进水的地方进行工作和操作诸如振动棒(器)、手电钻、手动砂轮机等手提式电动工具均必须加装动作(分断)电流分别不大于 6mA、30mA 的末级漏电保护器，并且，总配电箱、分配电箱、末级漏电三级保护器在核定动作电流时应调有 15mA 及以上的动作电流级差，动作(分断)时间应有 0.05s 的动作时间级差。

5. 选择恰当的漏电保护装置

要正确选用漏电保护装置，尤其是高灵敏度保护装置。保护器要求能躲过电动机的起动漏电电流，应有较好的平衡特性，能做到不受电焊的短时冲击电流急剧的变化、电源电压的波动的影响，同时还应有较好的抗电磁干扰性能，在使用过程中也应定期试验其可靠性。建筑施工现场的用电设备接地、接零和三级漏电保护应根据工程特点、实际情况、规模和地质环境特点以及操作维护情况，合理确定其中的一种接地或接零保护，并配合漏电电流动作的保护装置(漏电保护器)作为后备保护，以提高建筑施工现场用电设备安全可靠性及效率，最大限度地防止人身受到电流伤害，达到保障人身安全的目的。

6. 注意操作安全，不进行带电作业，不触碰电线

如果必须带电操作时要采取绝缘防护措施并安排操作监护人，还要教育和引导工地电工学习和掌握《电业安全工作规程》《低压安全工作规程》。要特别注意施工现场与邻近架空和敷设电力线路的安全距离，避免钢筋、水管、工器具等金属物体触碰高低压电线。

7. 施工中禁止电线浸泡在水中或被物体碾压

表皮破损、电线老化、用电器具和零件缺损等要及时更换和维修、维护。严格控制拖线圆盘、多用插座等无防雨措施的电器器具的使用。落实严格加强施工用电现场管理，使用的电线不能随意拖、拉，线路应尽量采取架空线路。

8. 加强日常巡视检查

对漏电保护器是否有效动作、熔体额定值和断路器整定值是否正确、接地引线和用电设备的 PE 线是否连接良好可靠等要形成定期或/和不定期检查维护管理制度和责任追究制度，有效加强检查监督。

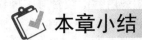 本章小结

本章介绍了触电方式、安全用电的标志、建筑物防雷的原理以及其施工工艺，重点讲述了施工现场安全用电及其隐患。通过本章的学习，使同学们了解安全用电的重要性以及如何安全用电，为以后的工作打下基础。

实训练习

一、单选题

1. 当第一类防雷建筑物所具有的长金属物的弯头、阀门、法兰盘等连接处的过渡电阻大于( )Ω时，连接处应用金属线跨接。

    A. 0.05   B. 0.03   C. 0.1   D. 0.3

2. 采用多根专设引下线时，应在各引下线上距地面( )m之间装设断接卡。

    A. 0.5～2.0   B. 0.3～1.7   C. 0.3～1.8   D. 0.2～1.4

3. 高度为70m的第二类防雷建筑物，( )m起以上部位应防侧击雷。

    A. 45   B. 56   C. 60   D. 62

4. 某安全色标的含义是禁止、停止、防火，其颜色为( )。

    A. 红色   B. 黄色   C. 绿色   D. 黑色

5. 各接地设备的接地线与接地干线相连时，应采用( )方式。

    A. 串联   B. 并联   C. 混联

二、填空题

1. 雷电的危害分为( )、( )和( )三种类型。

2. 电力安全标志按用途可分为( )、( )、( )和( )四大类型。

3. 静电防护的措施有( )、( )和( )等。

4. 我国把安全电压的额定值分为( )、( )、( )、( )和( )五种等级。

5. 根据接地的目的不同，接地可分为( )和( )。

三、简答题

1. 现代防雷技术措施有哪些？

2. 触电形式有哪些？

3. 建筑防雷装置的组成主要有哪些？

4. 我国安全色标采用的标准，基本上与国际标准草案(ISD)相同。一般采用的安全色有哪些？

5. 建筑防雷接地工程工艺流程有哪些？

第8章习题答案.doc

实训工作单 1

班级		姓名		日期	
教学项目		安全用电标志的学习			
学习项目	安全用电		学习要求	学会辨识不同的用电标志	
相关知识	安全用电基本知识				
其他项目					
现场过程记录					
评语			指导老师	

实训工作单 2

班级		姓名		日期	
教学项目		施工现场安全用电			
学习项目	建筑施工过程常见安全隐患		学习要求	掌握施工过程的安全用电方法	
相关知识	安全用电基本知识				
其他项目					

现场过程记录

评语				指导老师	

第 9 章　智能建筑弱电系统

【教学目标】

1. 了解智能建筑的工程概述。
2. 掌握综合布线、有线电视和安防系统。
3. 掌握弱电施工图的识读和施工工艺。

【教学要求】

第 9 章.pptx

本章要点	掌握层次	相关知识点
智能建筑工程概述	1. 智能建筑的概念 2. 智能建筑的组成	智能建筑基本知识
综合布线系统	1. 综合布线的组成 2. 综合布线的施工	综合布线基本知识
有线电话系统	1. 有线电话的组成 2. 有线电话的施工	有线电话系统基本知识
安全防范系统	1. 安防系统的概述 2. 安防系统的施工	安全防范系统基本知识
智能建筑施工图的识读	1. 智能建筑弱电工程概述 2. 智能建筑弱电系统图的识读	智能建筑施工图识读基本知识
智能建筑弱电系统的施工	1. 施工前准备 2. 基础阶段施工 3. 结构阶段施工 4. 装修阶段施工	智能建筑弱电系统施工基本知识

【案例导入】

1. 案例背景

仁恒河滨城地处上海浦东新区，联洋居住区东北部，北临杨高中路，东临罗山路，南临锦绣路，西临小区支路规八路。"仁恒河滨城"是联洋新小区中最大的一个房地产开发项目。南近树木茂盛的世纪公园，东望芳草青青的汤臣高尔夫球场，与浦东新区行政中心、东方艺术中心、上海科技城、上海信息城、新区图书馆、新区少年宫等公共建筑相毗邻，

地铁二号线将小区和浦西市中心紧密相连。小区地理位置得天独厚，环境优美，交通便利，具有极大的升值潜力，是上海仁恒房地产有限公司继"仁恒滨江园""仁恒河滨花园"之后，打造符合 21 世纪人们居住环境新型建筑的示范住宅区的高品质住宅。

小区总用地面积 31.60 公顷，住宅总建筑面积 72.81 万平方米，公共建筑为 1.4 万平方米，绿地 18.09 万平方米，容积率 2.3，绿地率 55.72%，共有地下机动车位 2950 个，自行车位 9584 个，是高绿地、低容积率的大型住宅小区。

小区由 40 幢 26～30 层高层住宅楼和三栋一层迎宾楼、一栋四层会所、一栋三层瞭望台、一栋八层邻里中心等公共建筑设施组成。小区地下部分全部为全通式地库，其中地下车库分两层。

项目自 2014 年 9 月开工，至 2016 年 6 月竣工。

2. 智能建筑弱电系统设置情况

智能建筑弱电系统建设内容：建筑设备监控系统、安全防范系统、综合布线系统、机房工程、集成系统、住宅小区智能化、燃气报警系统、无线巡更系统、可视对讲电梯控制系统、车辆管理系统、背景音乐与紧急广播系统、电梯三方通话及 EMS 监视系统、敷线系统、集中供电系统。

智能建筑弱电系统工程投资为 17 417 558.00 元。

【问题导入】

结合本章所学内容，试分析智能建筑弱电系统的构成和作用。

智能建筑图.docx

9.1 智能建筑工程概述

9.1.1 智能建筑概念

智能化建筑具有多门学科融合集成的综合特点，尽管发展历史较短，但发展速度很快。国内外对它的定义有各种描述和不同理解，尚无统一的确切概念和标准。应该说智能化建筑是将建筑、通信、计算机网络和监控等各方面的先进技术相互融合、集成为最优化的整体，具有工程投资合理、设备高度自控、信息管理科学、服务优质高效、使用灵活方便和环境安全舒适等特点，能够适应信息化社会发展需要的现代化新型建筑。目前所述的智能化建筑只在某些领域具备智能化，其程度也是深浅不一，没有统一的标准，且智能化本身的内容是随着人们的要求和科学技术的不断发展而延伸拓宽。我国有关部门已在文件中明确称其为智能化建筑或智能建筑，其名称较确切，含义也较为广泛，与我国的具体情况是相适应的。

智能建筑必须具备以下四个条件。

(1) 一套先进的楼宇自动控制系统，以营造一种温馨、回归大自然的生活环境。

(2) 一套结构化布线系统，将整座大楼或整个小区的数据通信、语音通信、多媒体通信融为一体。

(3) 一个现代化的通信系统，以满足现代信息社会高效率的工作需求。

(4) 一个对大楼的强电设备和弱电系统进行统一监视和管理的系统集成平台,为住户提供良好的物业管理和一流服务。

我国智能建筑的起步较晚,但近年来,在北京、上海、广州等大城市,相继建起了具有相当高水平的智能建筑。智能建筑是一个国家的综合国力和科技水平的具体体现之一,目前世界各国都在加大力度发展智能建筑,中国也把智能建筑的建设纳入了重要的议程。权威专家认为,网络技术、视频技术、通信技术等新技术的发展使未来智能建筑正朝着集约化、系统化、标准化的方向发展,绿色、环保、节能是智能建筑发展的主流方向,另外,在智能建筑的建设中,应避免重技术、轻管理、重硬轻软的情况,创造出以人为中心的数字化的高效家居及办公环境。

在建筑业界有智能建筑"3A"和"5A"的说法,"3A"是指 BA(楼宇自动化)、OA(办公室自动化)和 CA(通信自动化),"A"代表自动化,如图 9-1 所示。"5A"智能建筑,是指建筑设备自动化系统(BA)、通信自动化系统(CA)、办公自动化系统(OA)、火灾报警与消防联动自动化系统(FA)、安全防范自动化系统(SA)。智能建筑就是通过综合布线系统将此五个系统进行有机地综合,使建筑物具有了安全、便利、高效、节能的特点,如图 9-2 所示。

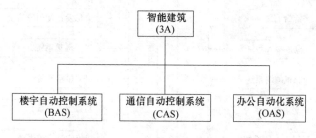

图 9-1 "3A"智能建筑的含义

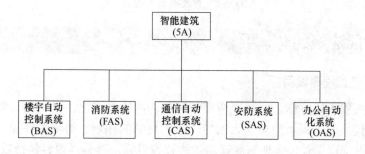

图 9-2 "5A"智能建筑的含义

9.1.2 智能建筑的组成

1. 智能建筑的组成依据及需求

根据国家标准《智能建筑设计标准》(GB/T 50314—2006)甲级设计标准的要求,以及《建筑及居住区数字化技术应用》(GB/T 20299—2006)对建筑设施数字化管理和建筑综合安防数字化管理的要求,确定智能化系统的组成和实现功能。为智能建筑提供一个安全舒适、便捷、高效、节能、环保的工作环境。

2. 智能化系统组成

智能化系统的如图 9-3 所示。

智能家居系统 —— 无线呼叫对讲系统

停车场管理系统 —— 楼宇自动化控制系统

楼宇对讲系统 —— 出入口门禁管理系统

三表抄送系统 —— 办公自动化系统

物业管理系统 —— 视频监控系统

公共广播系统 —— 多功能会议系统

有线电视系统 —— 酒店管理系统

卫星电视系统 —— 电话通信系统

综合布线系统 —— 信息发布及引导系统

宽带接入系统 —— 电子巡更系统

计算机网络系统 —— LED显示系统

弱点管道系统 —— 防盗报警系统

机房工程系统 —— 智能建筑集成系统

中间：智能建筑工程

图 9-3 智能建筑的组成

9.1.3 智能建筑的总体要求

1. 智能建筑工程建设目标

智能建筑工程建设目标，就是要应用信息化、网络数字化、自动化、智能化等现代科学技术，以现代系统工程管理理念为指导，采用科学的计划、组织指挥控制、协同和决策一体化系统工程管理模式，实现智能建筑工程建设目标。其具体内容包括以下几方面。

(1) 建设真正意义上的全数字化智能建筑。

(2) 搭建智能化系统综合信息集成平台。

(3) 应用智能化技术实现建筑技术节能，建设绿色环保和节能建筑。

(4) 通过设计、系统设备选型、工程实施和系统运行管理，创建中国智能建筑工程控制投资成本和提高系统运营效率的双效益经济型建筑。

(5) 创建国家"数字化技术应用示范工程"。

2. 智能建筑工程设计目标

智能建筑工程设计目标，就是要遵循《智能建筑设计标准》(GB/T 20299—2006)与 IT&IB 系统双重设计标准和规范，实现数字化和智能化"双化"技术应用与智能化系统功能。

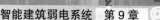

智能建筑工程设计目标，就是要以四大网络(电话网络、电视网络、计算机网络、控制网络)融合、数字化技术应用平台，以及应用智能化技术实现建筑技术节能的设计，为系统工程规划设计重点。

智能建筑工程设计目标，就是要满足业主对智能化系统技术应用和实现功能的需求，满足智能建筑工程预埋管线施工和系统及设备招投标的要求。其具体内容包括以下几方面。

(1) 智能化各应用系统预埋管线路由清晰与完整。

(2) 智能化系统监控室、弱电井(间)规划清晰与完整。

(3) 智能化各应用系统功能及监控信息点位清晰与完整。

(4) 智能化各应用系统主要设备性能及配置清晰与完整。

智能建筑工程设计目标，就是要正确地选择先进与成熟的应用技术和合理与实用的运用功能通过智能化系统规划设计，控制系统工程预算和系统设备投资成本。

3. 智能建筑工程实施目标

确定智能建筑工程实施目标，是厘清智能建筑工程建设思路和确认智能化系统技术应用以及实现功能需求的过程。通过确定系统工程实施目标，明确智能化系统功能需求与实施内容以及相关技术应用，确定系统工程规划设计在先、工程实施在后的工程实施原则。

确定智能建筑工程实施目标，就是要改变以往各信息系统孤立分散、缺乏有效的信息采集与信息共享机制、资源投入不合理的现象。通过确立智能化系统统一规划设计和统一组织实施的原则，实现资源的整合和共享，实现智能化系统在物理上和逻辑上为有机的一个整体。智能建筑工程具体实施目标如下。

(1) 建立数字化应用系统和智能化系统综合信息及系统集成平台，实现IT&IB系统间的无缝连接以及信息与数据的交互和共享。

(2) 建立IT&IB系统网络数据中心支撑平台，为智能化系统提供高效和规范化的网络基础服务，提供物业与设施管理综合楼宇机电设备与安防监控、"一卡通"等一系列网络与信息增值服务。

(3) 选择国际一流的智能建筑工程总承包商，选择技术先进与成熟的系统、设备和产品。

(4) 通过投标评估和工程实施管理，合理控制与降低系统、设备和产品的成本，严格控制工程实施过程中在设计、功能、设备等方面的变更，力争将系统工程变量控制在5%以内。

4. 智能化系统设施运营管理目标

确定智能化系统设施运营管理目标，就是要将智能化系统建设和智能化系统运营管理结合起来。在智能建筑工程建设阶段就要充分考虑和研究智能化系统建成后的系统与设施运营的效益和管理效率。遵循《建筑及住宅社区物业管理数字化技术应用》国家标准。制定详细周密的物业与设施管理的细则和措施，充分发挥数字化与智能化系统技术应用和实现功能，为现代智能建筑在安全舒适、便捷、高效、节能、环保等方面提供全面的支撑。智能化系统设施运营管理具体目标如下。

(1) 以提高智能化系统设施运营的效益和管理的效率为目标。

(2) 以提高智能化系统设施运营完好率为目标。

(3) 以降低智能建筑能耗和实现建筑技术节能为目标。

9.2 综合布线系统

9.2.1 综合布线系统概述

1. 综合布线系统的概念

综合布线系统工程是一项实践性很强的工程。它是现代社会信息化的必然产物，是多功能、智能建筑的必然要求。综合布线系统对智能建筑总体功能的发挥并保持各部门长期、高效率的运转起着重要的作用。

音频 综合布线系统的特点.mp3

综合布线系统又称为通用布线系统或结构化布线系统(SCS)，它是建筑物或建筑群内的信息传输网络。它既使语音和数据通信设备、交换设备和其他信息管理系统彼此相连，又使这些设备与外部通信网络相连接。

综合布线与传统布线的对比如表 9-1 所示。

综合布线系统.mp4

表 9-1 综合布线与传统布线的对比

	传统布线	结构化综合布线
灵活性、开放性	1. 各个系统相互独立，互不兼容，造成用户极大的不方便； 2. 设备的改变或移动都会导致整个布线系统的变化； 3. 难以维护和管理，用户无法改变布线系统来适应自己的要求	1. 用户可以灵活地管理大楼内的各个系统； 2. 设备改变、移动后，只需方便地改变跳线即可； 3. 大大减少了维护人员和管理人员的数量
扩展性	1. 计算机和通信技术的飞速发展，使现在的布线难以满足以后的需要； 2. 很难扩展，需要重新施工，造成时间、材料、资金及人员上的浪费	1. 可在 15～20 年内充分适应计算机及通信技术的发展，为办公自动化打下了坚实的线路基础； 2. 在设计时已经为用户预留了充分的扩展余地，保护了用户的前期投资
施工	各个系统独立施工，施工周期长，造成人员、材料及时间上的浪费	各个系统统一施工，周期短，节省了大量的时间、人力、物力

2. 综合布线系统的特点

综合布线的特点主要有以下四个方面。

(1) 系统性。在建筑物的任一区域均有输出端口，在连接和重新布置工作终端时无须另外布线。

(2) 重构性。在不改变布线结构的情况下组织网络结构。

(3) 标准化。整个建筑物内的输出端口及相应配线电缆应统一，以便平稳连接所有类型的网络和终端。

(4) 通用性。综合布线系统一旦安装完成，可连接任一类型的终端。它独立于任何计算机生产厂家，但能适应不同类型的网络。

3. 综合布线系统的特性及优点

综合布线系统的特性及优点主要表现在以下五个方面。

1) 兼容性

综合布线系统是一套标准的配线系统，其信息插座能够插入符合同样标准的语音、数据、图像与监控等设备的终端插头。所谓兼容性，是指自身的独立性可以完全适用于多种应用系统而与其他应用系统相对无关的特性。以往的建筑物内进行布线往往采用不同厂家生产的缆线、插座等设备，这些设备都使用的是不同的配线材料，质量、标准都不同，彼此互不兼容。而当需要改变终端机或电话机位置时就必须重新安置插座接头及电缆等。而综合布线的各种数据、设备及各种线缆、连接设备等都采用统一的规划和设计，把不同的传输介质综合到一套布线标准里，从而大大简化了布线程序，节约了成本和空间，而且也便于工作人员的操作和管理。不同厂家的语音、数据、图像设备只要符合标准，就可以相互兼容。

综合布线系统是一套标准的配线系统，其信息插座能够插入符合同样标准的语音、数据、图像与监控等设备的终端插头。一个插座能够连接不同类型的设备，灵活且实用。不同厂家的语音、数据、图像设备只要符合标准，就可以相互兼容。

2) 可扩展性

综合布线系统采用星形拓扑结构、模块化设计，布线系统中除固定于建筑物内的主干线缆外，其余所有的接插件都是积木标准件，易于扩充及重新配置。当用户因发展而需要调整或增加配线时，不会因此而影响整体布线系统，可以保证用户先前在布线方面的投资。

综合布线系统主要采用双绞线与光缆混合布线，所有的布线均采用世界上最新的通信标准，连接符合 B-ISDN 设计标准，按八芯双绞线配置。对于特殊用户可以把光纤铺到桌面。干线光缆可设计为 2GHz 带宽，为未来通信量的增加提供了足够的富余量，可以将当前和未来的语音数据、网络、互联设备，以及监控设备等很方便地连接起来。

3) 应用独立性

网络系统的最底层是物理布线，与物理布线直接相关的是数据链路层，即网络的逻辑拓扑结构。而网络层和应用层与物理布线完全不相关，即网络传输协议、网络操作系统、网络管理软件及网络应用软件等与物理布线相互独立。无论网络技术如何变化，其局部网络的逻辑拓扑结构都是总线形、环形、星形、树形或以上几种形式的综合，而星形结构的综合布线系统，通过在管理间内跳线的调整，就可以实现上述不同的拓扑结构。因此，采用综合布线方式进行物理布线时，不必过多地考虑网络的逻辑结构，更不需要考虑网络服务和网络管理软件，综合布线系统具有应用方面的独立性。

4) 开放性和灵活性

采用综合布线的方式，其配置标准对所有的著名厂商的产品都是开放的。综合布线所采用的硬件和相关设备都是模块化设计，对所有的通道和标准都是适用的。因此，所有的设备的开通和更换都不需要重新布线，只需在出现问题的环节进行必要的跳线管理即可，这就大大提升了布线的灵活性和开放性。

5) 可靠性和先进性

由于传统的布线方式使得各个应用系统互不兼容，从而也造成了建筑物系统的脆弱性，像综合布线发生错位或不当时就可能导致信息的混乱和交叉。综合布线系统采用的是高科技材料和先进的建筑布线技术，它本身形成了一套完善兼容的信息输送体系。而且每条通道都可以达到链路阻抗的效果，任何一条链路出现问题都不会影响其他链路的工作，在系统传输介质的采用上它们互为备用，从而提升了冗余度，保证了应用系统的可靠运作。

综合布线系统能够解决人乃至设备对信息资源共享的要求，使以电话业务为主的通信网络逐渐向综合业务数字网和各种宽带数字网过渡，使其成为能够同时提供语音、数据、图像和设备控制数据的集成通信网。

4. 结构布线系统的要求

结构布线系统的要求如下。

(1) 所有语音及数据布线系统提供合格的布线、安装及调试。

(2) 语音及数据在同一个网络中。

(3) 每层预留至少 25%的备用网络接入点。

(4) 大楼内的配电转换器安装在 ITT 房间内，机柜配有双风扇。

(5) 建筑内垂直采用多模光纤，水平采用六类非屏蔽双绞线缆和多模光纤。

(6) 工作区终端均采用 RJ-45 模块。

5. 综合布线系统常用图例的识读

综合布线系统常用图例如图 9-4 所示。

图例	说明	图例	说明
▨	——楼层配线架	///	沿建筑物明铺的通信线路
▧	——建筑物配线架	-/-/-/-	沿建筑物暗铺的通信线路
▧▧	——建筑群配线架	⏚	接地
▤	配线箱(柜)	‖o‖	集线器
▭		⌐	
▨	走线槽(明敷)	⌐	T形弯头
⬈⬊		⎅	单孔信息插座
▱		⎅	
▣	计算机终端	⎅⎅⎅	三孔信息插座
(A)	适配器	▦	综合布线系统的互连
MD	调制解调器	△	交接间

图 9-4　综合布线系统常用图例

9.2.2 综合布线系统的组成

综合布线系统是一种开放式的结构化布线系统。它采用模块化方式，以星形拓扑结构，支持大楼(建筑群)的语音、数据、图像及视频等数字及模拟传输应用。它既实现了建筑物或建筑群内部的语音、数据、图像的彼此相连传输，也实现了各个通信设备和交换设备与外部通信网络相连接。综合布线系统由各个不同系列的器件构成，包括传输介质、交叉/直接连接设备、介质连接设备、适配器、传输电子设备、布线工具及测试组件。这些器件可组合成系统结构各自相关的子系统，分别起到各自功能的具体用途，如图9-5所示。

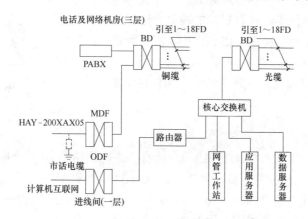

图9-5 综合布线系统

综合布线系统一般由六个独立的子系统组成，采用星形结构布放线缆，可使任何一个子系统独立地进入综合布线系统中。其六个子系统分别为工作区子系统、水平子系统、管理区子系统、垂直干线子系统、设备间子系统和建筑群子系统。综合布线系统所遵循的国际标准为 ISO\IEC11801 及北美标准 TIA\ELA—568—B。国内综合布线系统标准为 2000 年 12 月 30 日正式颁发的《大楼通信综合布线系统规范》(YD/T 926.1—2009)，并于 2001 年 1 月 1 日正式实施，综合布线系统各子系统的构成如图9-6所示。

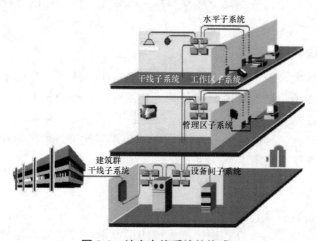

图9-6 综合布线系统的构成

1. 管理间子系统

一般每幢楼都应设计一个管理间或配线间。其主要功能是对本层楼所有的信息点实现配线管理及功能变换，以及连接本层楼的水平子系统和骨干子系统(垂直干线子系统)。管理间子系统一般包括双绞线跳线架和跳线。如果使用光纤布线，就需要有光纤跳线架和光纤跳线。当终端设备位置或局域网的结构变化时，仅需改变跳线方式，不必重新布线。

2. 工作区子系统

工作区子系统是指从信息插座延伸到终端设备的整个区域，即一个独立的需要设置终端的区域划分为一个工作区。工作区域可支持电话机、数据终端、计算机、电视机、监视器以及传感器等终端设备。它包括信息插座、信息模块、网卡和连接所需的跳线，并在终端设备和输入/输出(1/0)之间搭接，相当于电话配线系统中连接话机的用户线及话机终端部分。工作区子系统如图 9-7 所示。

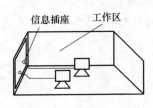

图 9-7　工作区子系统

3. 水平子系统

水平子系统一般采用六类 UTP 线缆，所有工作区的信息点(无论是数据还是语音)均采用一根单独的六类 UTP 线缆连接到管理子系统的 24 口数据配线架，为了保证未来模拟电话系统可以很方便地升级到 IP 电话系统，所有六类 UTP 线缆均应采用中心十字骨架的结构，而考虑到目前绿色环保的要求应采用低烟无卤型线缆。

4. 垂直干线子系统

垂直干线子系统是用线缆连接设备间子系统和各层的管理子系统。一般采用大对数电缆或光缆，两端分别接在设备间和管理间的跳线架上，负责从主交换机到分交换机之间的连接，提供各楼层管理间、设备间和引入口(由电话企业提供的网络设施的一部分)设施之间的互联。

垂直子系统所需要的电缆总对数一般按下列标准确定：基本型每个工作区可选定两对双绞线，增强型每个工作区可选定三对双绞线，综合型每个工作区可在基本型或增强型的基础上增设光缆系统。

5. 设备间子系统

设备间是在每幢大楼的适当地点设置进线设备，也是放置主配线架和核心网的设备进行网络管理及管理人员值班的场所。它是智能建筑线路管理的集中点。设备间子系统由设备间的电缆配线架及相关支撑硬件、防雷电保护装置等构成，将各种公共设备(如中心计算机、数字程控交换机、各种控制系统等)与主配线架连接起来。如果将计算机机房、交换机机房等设备间设计在同一楼层中，既便于管理，又节省投资。

6. 建筑群子系统

建筑群子系统是将多个建筑物的设备间子系统连接为一体的布线系统，应采用地下管道或架空敷设方式。管道内敷设的铜缆或光缆应遵循电话管道和入孔的各项设计规定，并

安装有防止电缆的浪涌电压进入建筑物的电气保护装置。建筑群子系统安装时，一般应预留一个或两个备用管孔，以便今后扩充。

建筑群子系统采用直埋沟内敷设时，如果在同一沟内埋入了其他的图像，监控电缆，应有明显的共用标志。

总之，智能建筑在智能控制、信息通信系统中有多种要求，不同的系统应用有着不同要求。随着综合布线和网络技术的发展，多业务网络平台是一个经济的选择。综合布线也因此有了更丰富的含义，它承担的不仅仅是语音、数据网络通信，更多的是它可能成为多种智能业务的平台，对于基于各系统资源总体功能的发挥并保持系统高效率运转起着重要作用。

9.2.3 综合布线系统的施工

1. 工程施工原则

综合布线系统工程的施工要求高效率、低成本，利用各种有利因素缩短周期。在施工中尽量采用先进的工具、工艺，专业化施工，充分发挥和调动全体施工人员的积极作用，逐渐提高操作人员的施工技能和水平，严格按照各种工艺标准和施工验收规范施工，确保工程进度和质量的顺利完成。综合布线施工工艺流程图如图9-8所示。

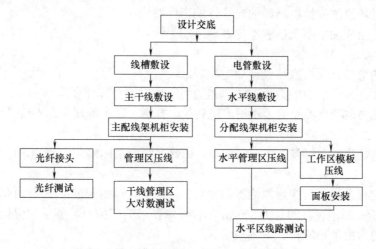

图9-8　综合布线施工工艺流程图

2. 工程施工基本要求

(1) 综合布线系统工程的安装施工，必须按照《综合布线系统工程验收规范》(GB/T 50312—2016)、《建筑电气工程施工质量验收规范》(GB 50303—2015)等规范以及施工图设计中的有关规定进行安装施工。

(2) 在综合布线系统工程中，其建筑群主干布线子系统部分的施工与本地电话网络有关，因此工程施工的基本要求应遵循《通信线路工程设计规范》(YD 5102—2010)等通信行业标准中的规定。

(3) 综合布线系统工程中所用的缆线类型和性能指标、布线部件的规格以及质量等均应符合我国通信行业标准等规范或设计文件的规定。在工程施工中，不得使用未经鉴定合格的器材和设备。

(4) 施工现场要有技术人员监督、指导。为了确保传输线路的工作质量,在施工现场要有参与该项工程方案设计的技术人员进行监督、指导。

(5) 布线、设备标记一定要清晰有序。清晰、有序的标记会给下一步设备的安装、调试工作带来便利,以确保后续工作的正常进行。

(6) 对于已敷设完毕的线路,必须按规范进行测试检查,包括认证测试、验证测试。

(7) 使用备用线。由于种种原因难免会使个别线路出问题,备用线的作用就在于它可及时、有效地代替这些出问题的线路。

(8) 为保证信号、图像的正常传输和设备的安全,要完全避免电磁涌干扰,要做到与强电线路分管敷设,尽可能避免与强电线路平行走向,如果由于现场条件只能平行时,其间隔应满足《综合布线系统工程验收规范》(GB 50312—2016)中的要求。

3. 施工准备

1) 施工准备

工程中使用的材料、设备进场时必须提供相应标准、资料和供应证明,并由建设方和工程监理方派人验收、登记签字,同时组织抽检,抽检时应做到以下几点。

(1) 线缆进场检测应抽检电缆的电气性能指标并应作记录。

(2) 光纤进场检测应抽检光缆的光纤性能指标并应作记录。

(3) 手续不全或抽检不合格者不得办理进场手续。

2) 缆线的敷设

(1) 缆线的型号、规格应与设计规定相符。

(2) 缆线在各种环境中的敷设方式、布放间距均应符合设计要求。

(3) 缆线的布放应自然平直,不得产生扭绞、打圈、接头等现象,不应受外力的挤压和损伤。

(4) 缆线两端应贴有标签,应标明编号,标签书写应清晰端正和正确,标签应选用不易损坏的材料。

(5) 缆线应有余量以适应终端检测和变更。对绞电缆预留长度:在工作区宜为 3~6cm,电信间宜为 0.5~2m,设备间宜为 3~5m,有特殊要求的应按设计要求预留长度。

(6) 缆线的弯曲半径应符合下列规定。

① 非屏蔽四对对绞电缆的弯曲半径应至少为电缆外径的四倍。

② 屏蔽四对对绞电缆的弯曲半径应至少为电缆外径的八倍。

③ 主干对绞电缆的弯曲半径应至少为电缆外径的十倍。

④ 二芯或四芯水平光缆的弯曲半径应大于 25mm,其他芯数的水平光缆、主干光缆和室外光缆的弯曲半径应至少为光缆半径的 10 倍。

(7) 缆线间的最小净距应符合国家相关标准的规定。

(8) 屏蔽电缆的屏蔽层端到端应保持完好的导通性。

(9) 预埋线槽和暗管敷设缆线应符合下列规定。

① 敷设线槽和暗管的两端宜用标志表示编号等内容。

② 预埋线槽宜采用金属线槽,预埋或密封线槽的截面利用率应为 30%~50%。

③ 敷设暗管宜采用钢管或阻燃聚氧乙烯硬质管。布放大对数主干电缆及四芯以上光缆

时，直线管道的管径利用率应为 50%～60%，弯管道应为 40%～50%。暗管布放四对对绞电缆或四芯及以下光缆时，管道的截面利用率应为 25%～30%。

(10) 设置缆线桥架和线槽敷设缆线应符合下列规定。

① 密封线槽内缆线布放应顺直，尽量不交叉，在缆线进出线槽部位、转弯处应绑扎固定。

② 缆线桥架内缆线垂直敷设时，缆线的上端和每间隔 1.5m 处应固定在桥架的支架上；水平敷设时，在缆线的首、尾、转弯及每间隔 5～10m 处进行固定。

③ 在水平、垂直桥架中敷设缆线时，应对缆线进行绑扎。对绞电缆、光缆及其他信号电缆应根据缆线的类别、数量、缆径、缆线芯数分束绑扎。绑扎间距不宜大于 1.5m，间距应均匀，不宜绑扎过紧或使缆线受到挤压。

④ 楼内光缆在桥架敞开敷设时应在绑扎固定段加装垫套。

(11) 采用吊顶支撑柱作为线槽在顶棚内敷设缆线时，每根支撑柱所辖范围内的缆线可以不设置密封线槽进行布放，但应分束绑扎，缆线应阻燃，缆线选用应符合设计要求。

(12) 建筑群子系统采用架空、管道、直埋、墙壁及暗管敷设电、光缆的施工技术要求应按照本地网通信线路工程验收的相关规定执行。

3) 其他线缆敷设要求

(1) 线缆两端应有防水、耐摩擦的永久性标签，标签书写应清晰、准确。

(2) 管内线缆间不应拧绞，不得有接头。

(3) 线缆的最小允许弯曲半径应符合国家相关标准的规定。

(4) 线管出线口与设备接线端子之间应采用金属软管连接，金属软管长度不宜超过 2m，不得将线裸露。

(5) 桥架内线缆应排列整齐，不得拧绞；在线缆进出桥架部位转弯处应绑扎固定；垂直桥架内线缆绑扎固定点间隔不宜大于 1.5m。

(6) 线缆穿越建筑变形缝时应留置相适应的补偿余量。

(7) 线缆敷设除应执行国家标准《智能建筑工程施工规范》(GB 50606—2010)的规定外，还应符合国家标准《有线电视网络工程设计标准》(GB 50200—2018)、《建筑电气工程施工质量验收规范》(GB 50303—2015)和《安全防范工程技术标准》(GB 50348—2018)等有关规定。

(8) 除符合上述规定外，线缆敷设还应符合下列规定。

① 线缆布放应自然平直，不应受外力挤压和损伤。

② 线缆布放宜留不小于 0.15mm 的余量。

③ 从配线架引向工作区各信息端口四对对绞电缆的长度不应大于 90m。

④ 线缆敷设拉力及其他保护措施应符合产品厂家的施工要求。

⑤ 线缆弯曲半径宜符合下列规定。

非屏蔽四对对绞电缆弯曲半径不宜小于电缆外径的四倍。屏蔽四对对绞电缆弯曲半径不宜小于电缆外径的八倍。主干对绞电缆弯曲半径不宜小于电缆外径的 10 倍。光缆弯曲半径不宜小于光缆外径的 10 倍。

⑥ 室内光缆在桥架内敷设时宜在绑扎固定处加装垫套。

⑦ 线缆敷设施工时，现场应安装稳固的临时线号标签，线缆上配线架、打模块前应安装永久线号标签。

⑧ 线缆经过桥架、管线拐弯处应保证线缆紧贴底部，且不应悬空，不受牵引力。在桥

架的拐弯处应采取绑扎或其他形式固定。

⑨ 距信息点最近的一个过线盒穿线时应留有不小于 0.15mm 的余量。

(9) 信息插座安装标高应符合设计要求,其插座与电源插座安装的水平距离应符合本节上述条款叙述内容之规定。当设计未标注要求时,其插座宜与电源插座安装标高相同。

(10) 机柜内线缆应分别绑扎在机柜两侧理线架上,应排列整齐美观,配线架应安装牢固,信息点标识应准确。

(11) 光纤配线架(盘)宜安装在机柜顶部,交换机宜安装在铜缆配线架和光纤配线架(盘)之间。

(12) 配线间内应设置局部等电位端子板,机柜应可靠接地。

(13) 跳线应通过理线架与相关设备相连接,理线架内、外线缆宜整理整齐。

【案例 9-1】

某五层大楼,其每一层的水平子系统中,最近的信息插座离配线间的距离为 9m,最远的信息插座离配线间的距离为 21m,每层楼有 40 个信息插座。

问: (1)每个楼层的用线量为多少?

(2)整座楼的用线量是多少?

9.3　有线电视系统

9.3.1　有线电视系统的组成

1. 有线电视系统组成

有线电视系统图.docx

有线电视系统,是以一组室外天线,用同轴电缆或光缆将相应设备及许多用户电视接收机连接起来,传输电视音响、图像信号的分配网络系统,称为共用天线电视系统(Community Antenna Television,CATV)。有线电视系统由四个主要部分组成,如图9-9所示。

1) 信号接收系统

信号接收系统有无线接收天线、卫星电视地球接收站、微波站(MMDS)和自办节目源等,用电缆将信号输入前端系统。

2) 前端系统

前端系统有信号处理器、A 音频/V 视频解调器、信号电平放大器滤波器、混合器及前端 18V 稳压电源,自办节目的录像机、摄像机、VCD、DVD 及特殊服务设备等,将信号调制混合后送出高稳定的电平信号。

3) 信号传输系统

信号传输系统将前端送来的电平信号用单模光缆、同轴电缆并连接各种类型的放大器,以减少电平信号衰减,使用户端接收到高稳定的信号。我国常用同轴射频电缆 SYV-75-5、SWY-75-5 及单模光缆作为电视信号传输系统的干线和支线。

4) 用户分配系统

用户分配系统是在支线上连接分配器、分支器线路放大器,将信号分配到各个用户终端盒(TV/FM)的设备。

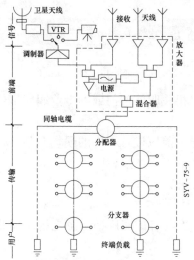

图 9-9 有线电视系统组成

2. 有线电视系统常用图例的识读

有线电视系统常用图例如图 9-10 所示。

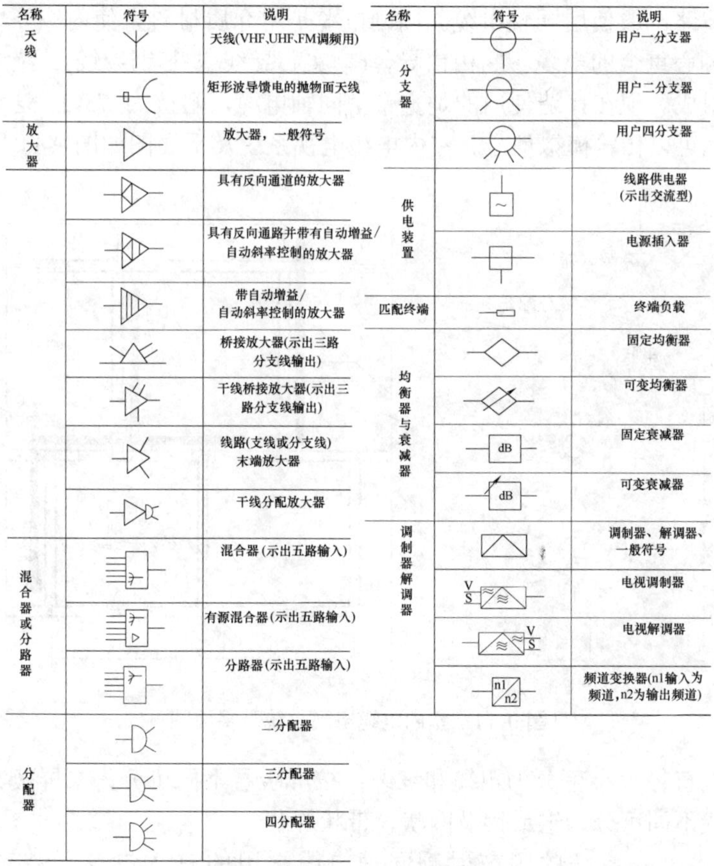

名称	符号	说明	名称	符号	说明
天线		天线(VHF、UHF、FM调频用)	分支器		用户一分支器
		矩形波导馈电的抛物面天线			用户二分支器
放大器		放大器，一般符号			用户四分支器
		具有反向通道的放大器	供电装置		线路供电器(示出交流型)
		具有反向通路并带有自动增益/自动斜率控制的放大器			电源插入器
		带自动增益/自动斜率控制的放大器	匹配终端		终端负载
		桥接放大器(示出三路分支线输出)	均衡器与衰减器		固定均衡器
		干线桥接放大器(示出三路分支线输出)			可变均衡器
		线路(支线或分支线)末端放大器		dB	固定衰减器
		干线分配放大器		dB	可变衰减器
混合器或分路器		混合器(示出五路输入)	调制器解调器		调制器、解调器、一般符号
		有源混合器(示出五路输入)		V/S	电视调制器
		分路器(示出五路输入)		V/S	电视解调器
分配器		二分配器		n1/n2	频道变换器(n1输入为频道，n2为输出频道)
		三分配器			
		四分配器			

图 9-10 有线电视系统常用图例

9.3.2 有线电视的施工

1. 施工准备

(1) 施工单位应取得国家相关职能部门或本专业职能部门颁发的卫星接收及有线电视系统工程施工资质。

(2) 有线电视系统工程施工前应进行相应的现场勘察和提供相应的设计文件及图纸等资料，并应按照设计图纸施工。

(3) 设备器材应符合下列规定。

① 有源设备均应通电检查。

② 主要设备和器材应选用具有国家广播电影电视总局或有资质检测机构颁发的有效认定标识的产品。

③ 建筑物内暗管设施应按行业标准《有线电视分配网络工程安全技术规范》(GY5078—2008)4.3 节的技术要求进行铺设。

2. 设备安装

1) 室内电视线路敷设

室内电视线路一般使用同轴电缆。同轴电缆是用介质材料来使内、外导体之间绝缘，并且始终保持轴心重合的电缆。它由内导体(单实芯导线/多芯铜绞线)、绝缘层、外导体和护套层四部分组成。现在普遍使用的是宽带型同轴电缆，阻抗为 75Ω。这种电缆既可以传输数字信号，也可以传输模拟信号。室内电缆电视系统及平面图如图 9-11 所示。

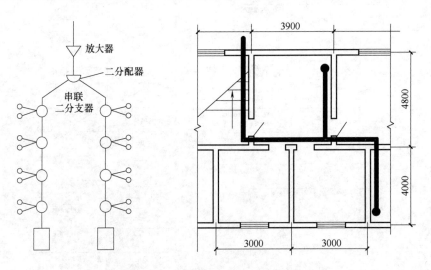

图 9-11 室内电缆电视系统及平面图

同轴电缆按直径大小可分为粗缆和细缆；按屏蔽层不同可分为二屏蔽、四屏蔽等；按屏蔽材料和形状不同可分为铜或铝及网状、带状屏蔽。

适用于有线电视系统的国产射频同轴电缆常用的有 SYKV、SYV、SYWV(Y)、SYWLY(75Ω)等系列，截面有 SYV-75-5、SYV-75-7、SYV-75-12 等型号。同轴电缆结构如

图 9-12 所示。

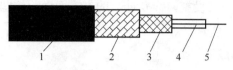

图 9-12　同轴电缆结构图

1—护套；2—二次编线；3——一次编线；4—绝缘；5—导体

2) 线路分配器、分支器、用户终端盒安装及电视系统调试

(1) 线路分配器、分支器安装。

线路分配器是用来分配高频信号的部件，将一路输入信号均等或不均等地分为两路以上信号的部件，常用的有二分配器、三分配器、四分配器、六分配器等。

线路分配器的类型有很多，根据不同的分类方法有阻燃型、传输线变压器型和微带型；有室内型和室外型；有 VHF 型、UHF 型和全频道型。

(2) 用户终端盒安装。

用户终端盒是 CATV 分配系统与用户电视机相连的部件。

面板分为单输出孔和双输出孔(TV、FM)，在双输出孔电路中要求 TV 和 FM 输出间有一定的隔离度，以防止相互干扰。为了安全，在两处电缆芯线之间接有高压电容器。

(3) 电视系统调试

电视系统安装完毕后，需进行有线电视的调试。工作内容为测试用户终端、记录、整理、预置用户电视频道等。待测试合格完毕后，方可交用户使用。

【案例 9-2】

有线电视起源于共用天线电视系统 MATV。共用天线电视系统是多个用户共用一组优质天线，以有线方式将电视信号分送到各个用户的电视系统。

有线电视系统最初是为了解决偏远地区收视或城市局部被高层建筑遮挡影响收视而建立的公用天线系统。真正意义上的 CATV 出现在 20 世纪 50 年代后期的美国，人们利用卫星、无线、自制等节目源通过线路单向广播传送高清晰、多套的电视。进入 20 世纪 90 年代后，我国 CATV 建设如雨后春笋般发展起来。

结合本节内容，阐述有线电视系统主要由哪几部分组成？

9.4　安全防范系统

9.4.1　安全防范系统概述

安全防范系统图.docx

"安全防范"是公安保卫系统的专门术语，是指以维护社会公共安全为目的，采用的防入侵、防被盗、防破坏、防火、防爆和安全检查等措施。而为了达到防入侵、防盗、防破坏等目的，智能建筑采用了电子技术、传感器技术、通信技术、自动控制技术、计算机技术为基础的安全防范器材与设备，并将其构成了一个系统，由此应运而生的安全防范技术逐步发展成为一项专门的公安技术学科。

智能化楼宇包括党政机关、军事、科研单位的办公场所，也包括文物、银行、金融、商店、办公楼、展览馆等公共设施，涉及社会的方方面面，这些单位与场所的安全保卫工作很重要，是安全防范技术的重点。

1. 安全防范系统的构成

智能建筑的安全防范系统是智能建筑设备管理自动化一个重要的子系统，是向大厦内工作和居住的人们提供安全、舒适及便利的工作生活环境的可靠保证。

音频　智能建筑安全防范系统概述.mp3

智能建筑的安全防范系统一般由六个系统组成，如图 9-13 所示，闭路电视监控系统和防盗报警系统是其中两个最主要的组成部分。

图 9-13　安全防范系统

1) 闭路电视监控系统(CCTV)

CCTV 的主要任务是对建筑物内重要部位的事态、人流等动态状况进行宏观监视、控制，以便对各种异常情况进行实时取证、复核，达到及时处理的目的。

2) 防盗报警系统

对于重要区域的出入口、财物及贵重物品库的周界等特殊区域及重要部位，需要建立必要的入侵防范警戒措施，这就是防盗报警系统。

3) 巡更系统

安保工作人员在建筑物相关区域建立巡更点，按所规定的路线进行巡逻检查，以防止异常事态的发生，便于及时了解情况，加以处理。

4) 通道控制系统

它对建筑物内通道、财物与重要部位等区域的人流进行控制，还可以随时掌握建筑物内各种人员出入活动情况。

5) 访客对讲(可视)、求助系统

它也可称为楼宇保安对讲(可视)求助系统，适用于高层及多层公寓(包括公寓式办公楼)、别墅住宅的访客管理，是保障住宅安全的必备设施。

6) 汽车库(场)管理系统

停车库(场)管理系统对停车库/场的车辆进行出入控制停车位与计时收费管理等。

2. 安全防范系统常用设备

1) 云台

云台是两个交流电组成的安装平台，可以向水平和垂直方向运动。控制系统在远端可以控制其云台的转动方向。云台有多种类型：按使用环境分为室内型和室外型(室外型密封性能好，防水防尘，负载大)；按安装方式分为侧装和吊装(即云台是安装在天花板上还是安装在墙壁上)；按外形分为普通型和球型。球型云台是把云台安置在一个半球形、球形防护罩中，除了防止灰尘干扰图像外，还具有隐蔽、美观、快速的优点。

2) 监视器

监视器是监控系统的标准输出，用来显示前端送过来的图像。监视器分彩色、黑白两种，尺寸有 9、10、12、14、15、17、21in 等，常用的是 14in(1in=2.54cm)。监视器也有不同的分辨率，同摄像机一样用线数表示，实际使用时一般要求监视器线数要与摄像机匹配。另外，有些监视器还有音频输入、S-video 输入、RGB 分量输入等，除了音频输入监控系统会用到外，其余功能大部分用于图像处理。

3) 视频放大器

当视频传输距离比较远时，最好采用线径较粗的视频线，同时可以在线路内增加视频放大器增强信号强度达到远距离传输目的。视频放大器可以增强视频的亮度、色度和同步信号，但线路内干扰信号也会被放大，另外，回路中不能串接太多视频放大器，否则会出现饱和现象，导致图像失真。

4) 视频分配器

一路视频信号对应一台监视器或录像机，若想一台摄像机的图像给多个管理者看，最好选择视频分配器。因为并联视频信号衰减较大，送给多个输出设备后由于阻抗不匹配等原因，图像会严重失真，线路也不稳定。视频分配器除了阻抗匹配外，还有视频增益，使视频信号可以同时送给多个输出设备而不受影响。

5) 视频切换器

多路视频信号要送到同一处监控，可以每一路视频对应一台监视器。但监视器占地大，价格贵，如果不要求时时刻刻监控，可以在监控室增设一台切换器。把摄像机输出信号接到切换器的输入端，切换器的输出端接监视器。切换器的输入端分为 2.4、6.8、12、16 路，输出端分为单路和双路，而且还可以同步切换音频(视型号而定)。切换器有手动切换、自动切换两种工作方式。手动方式是想看哪一路就把开关拨到哪一路；自动方式是让预设的视频按顺序延时切换，切换时间通过一个旋钮可以调节，一般为 1~35s。切换器在一个时间段内只能看输入中的一个图像。要在一台监视器上同时观看多个摄像机图像，则需要用到画面分割器。

6) 画面分割器

画面分割器有 4 分割、9 分割、16 分割几种，可以在一台监视器上同时显示 4、9、16个摄像机的图像，也可以送到录像机上记录。4 分割是最常用的设备之一，其性能价格比也比较好，图像的质量和连续性可以满足大部分要求。大部分分割器除了可以同时显示图像外，也可以显示单幅画面，可以叠加时间和字符，设置自动切换，连接报警设备等。

7) 录像机

监控系统中最常用的记录设备是民用录像机和长延时录像机。延时录像机可以长时间工作，可以录制 24h(用普通 VHS 录像带)甚至上百小时的图像；可以连接报警设备，收到报警信号自动启动录像；可以叠加时间日期，可以编制录像机自动录像程序，以选择录像速度，录像带到头后是自动停止还是倒带重录等。

8) 探测器

探测器也称为入侵探测器，是用于探测入侵者移动或其他动作的器件，可称为安防的"哨兵"。

9) 控制器

报警控制器由信号处理器和报警装置组成，是对信号中传来的探测信号进行处理，判断出信号中"有"或"无"危险信号，并输出相应的判断信号。若有入侵者侵入的信号，处理器会发出报警信号，报警装置发声光报警，引起保安人员的警觉，或起到威慑入侵者的作用。

10) 报警中心

为实现区域性的防范，可把几个需要防范的区域连接到一个接警中心，称为报警中心。

3. 安全防范系统功能

智能建筑的入侵报警系统负责对建筑内外各个点线、面和区域的侦测任务。它一般由探测器、区域控制器和报警控制中心三个部分组成。

入侵报警系统的结构如图 9-14 所示。最底层是探测器和执行设备，负责探测人员的非法入侵，有异常情况时会发出声光报警，同时向区域控制器发送信息。区域控制器负责下层设备的管理，同时向控制中心传送相关区域内的报警情况。一个区域控制器和一些探测器声光报警设备就可以组成一个简单的报警系统，但在智能建筑中还必须设置监控中心。监控中心由微型计算机、打印机与 UPS 电源等部分组成，其主要任务是对整个防盗报警系统的管理和系统集成。

图 9-14　入侵报警系统

目前，防盗入侵报警器主要有以下几种：开关式报警器、主动与被动红外报警器微波报警器、超声波报警器声控报警器、玻璃破碎报警器周界报警器、视频报警器、激光报警器、无线报警器、振动及感应式报警器等，它们的警戒范围各不相同，有点控制型、线控制型、面控制型和空间控制型之分，如表 9-2 所示。

表 9-2　按报警器的警戒范围分类

序号	警戒范围	报警器种类
1	点控制型	开关式报警器
2	线控制型	主动式报警器、激光报警器
3	面控制型	玻璃破碎报警器、震动式报警器
4	空间控制型	微波报警器、超声波报警器、被动红外报警器、声控报警器、视频报警器、周界报警器

4. 闭路电视监控系统(CCTV)

闭路电视电控系统的作用有：监控重要要地点的人员活动状况，为安全防范系统提供动态图像信息，为消防等系统的运行提供监视手段。闭路电视系统主要由前端(摄像)、传输、终端(显示与记录)与控制四个主要部分组成，具有对图像信号的分配、切换、存储、处理、还原等功能，如图9-15所示。

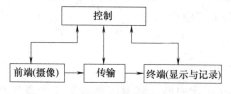

图9-15 闭路电视监控系统的组成

1) 前端(摄像)部分

前端(摄像)部分包括安装在现场的摄像机、镜头、防护罩、支架和电动云台等设备，其任务是获取监控区域的图像和声音信息，并将其转换成电信号。

2) 传输部分

传输部分包括视频信号的传输和控制信号的传输两大部分，由线缆、调制和解调设备、线路驱动设备等组成。传输系统将电视监控系统的前端设备和终端设备联系起来，将前端设备产生的图像视频信号、音频监听信号和各种报警信号送至中心控制室的终端设备，并把控制中心的控制指令送到前端设备。

3) 终端(控制、显示与记录)部分

终端设备安装在控制室内，完成整个系统的控制与操作功能，可分成控制、显示与记录三部分。它主要包括显示、记录设备和控制切换设备等，如监视器、录像机、录音机、视频分配器、时序切换装置、时间信号发生器、同步信号发生器以及其他配套控制设备等。它是电视监控系统的中枢，主要任务是将前端设备送来的各种信息进行处理和显示，并根据需要向前端设备发出各种指令，由中心控制室进行集中控制。CCTV系统的组成如图9-16所示。

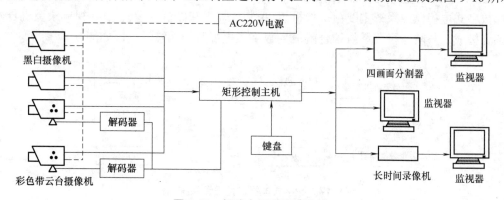

图9-16 闭路电视系统的组成

4) 控制部分

控制部分包括视频切换器、画面分割器、视频分配器、矩阵切换器等。控制设备是实现整个系统的指挥中心。控制部分主要由总控制台(有些系统还设有副控制台)组成。总控制

台的主要功能有：视频信号的放大与分配，图像信号的处理与补偿，图像信号的切换，图像信号(或包括声音信号)的记录，摄像机及其辅助部件(如镜头、云台、防护单等)的控制(遥控)等。

显示部分一般由多台监视器(或带视频输入的普通电视机)组成。它的功能是将传输过来的图像显示出来，通常使用黑白或彩色专用监视器。

总控制台上设置的记录功能录像机，可以随时把发生情况的被监视场所的图像记录下来，以便备查或作为取证的重要依据。

5. 数字化图像监控系统

(1) 数字化电视监控系统及其优势。

20 世纪 80 年代末到 90 年代中期，随着国外新型安保理念的引入，各行各业及居民小区纷纷建立起了各自独立的闭路电视监控系统或报警联网系统。传统的视频监控及报警联网系统受到当时技术发展水平的局限，电视监控系统大多只能在现场进行监视。联网报警网络虽然能进行较远距离的报警信息传输，但传输的报警信息简单，不能传输视频图像，无法及时准确地了解事发现场的状况，报警事件确认困难，系统效率较低，增大了安保人员的工作负担。对于银行、电力等地域分布式管理的行业，远距离监控是行业管理的必要手段。随着数字技术的飞速发展和成熟，数字式监控系统随之诞生并发展。目前，数字监控系统已受到远端监控领域的广泛关注，一些金融系统已率先采用了这一新技术完成了监控系统由模拟向数字化的过渡。

典型的数字监控系统应该由以下几个部分组成：图像源(包括各种 CCD 摄像机、电脑摄像机网络摄像机等)、视频图像信号的处理(包括图像信号的数字化、压缩等)、信号传输、图像的显示与处理、硬盘录像、系统的管理和控制(包括网络的管理、视频切换控制、前端云台等设备的控制等)。

数字监控系统与模拟系统相比，无论在画面质量、传输存储方式上，还是在工程费用等各方面都具有无法比拟的优势，数字监控系统必将取代模拟系统，成为市场的主流。

(2) 数字式电视监控系统的组成。

数字式电视监控系统主要由摄像机组、控制计算机和硬盘录像机(数字视频录像机 DVR)三部分构成，与防盗报警系统结合就成为数字式电视监控报警系统，如图 9-17 所示。

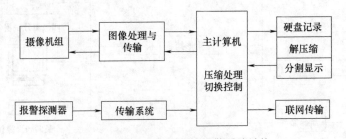

图 9-17　数字式电视监控报警系统结构

由图 9-17 可知，数字监控系统中的一些重要组成部分是数字监控计算机主机、数字视频录像机(DVR)、IP 摄像机以及 IP 网关。

① 数字监控计算机主机。数字监控计算机主机由硬盘录像机、图像切换装置和网络传

输接口三部分构成，具有多画面处理、录放像、矩阵控制、探测报警远程传输等多种功能。

② 数字视频录像机(DVR)。近年来，数字视频录像(DVR)的迅速普及，使市场向两个不同的方向发展：一方面基于实时操作系统(Real-Time Operation System，RTOS)的嵌入式单片机系统在运作时的可靠性，未来将成为发展主流；另一方面，对于强调可联网工作的DVR产品，PC-Based系统成为另一个发展方向。

③ IP摄像机以及IP网关。IP摄像机内置IP服务器，是可以直接连接到网络上的摄像机，也被称为网络摄像机(LANCamera)。其视频格式有MJPEGH-261、MPEG-1、MPEG-2、MPEG-4等不同的形式，分辨率最高可达720×580像素。

使用IP摄像机可以在现有的以太网上传输视频和音频，在指定IP地址后，也可以在网络上的任何一个位置通过浏览器(MSIE4.0或Netscape4.5)在本地或远程网络上调阅图像。多个用户可以同时调阅同一图像，图像传输速度可以达到25帧。调阅的图像既可以显示在计算机屏幕上，也可以显示在常规监视器上。IP摄像机的IP地址及图像的各种参数均可预先设置好，这样在现场安装时可以做到即插即用。IP摄像机由于能将双向音频以多播方式传输，带有1Vpp双向音频接口，故可实现对讲功能。

与IP摄像机类似，IP网关(Intermet Gate Way)实现了低成本的音视频以及报警信号的传输、发射和接收采用多种方式在以太网上传输双向音频和视频，能有效地降低安装布线成本。如果事先设置好IP地址，摄像机的安装可以做到即插即用。通过配置，可以将IP网关当作编码器或者解码器来使用。

网关自带的双向数据接口可以供用户在网络上直接控制前端的云台和镜头。网关可以选择TCP/IP(传输控制协议/网间协议)或者UDP(用户数据报协议)、HTTP等网络协议。

在智能楼宇中，除了闭路电视监控防盗报警等常用的安全防范技术系统外，还有出入口控制系统(门禁系统)、电子巡更系统、车库管理系统、访客对讲系统等安全控制和管理系统。

9.4.2　安全防范系统的施工

1. 施工准备

(1) 矩阵切换控制器、数字矩阵、网络交换机、摄像机、控制器、报警探头、存储设备、显示设备等设备应有强制性产品认证证书和"CCC"标志，或入网许可证、合格证、检测报告等文件资料。产品名称、型号、规格应与检验报告一致。

(2) 进口设备应有国家商检部门的有关检验证明。一切随机的原始资料，自制设备的设计计算资料、图纸测试记录、验收鉴定结论等应全部清点，整理归档。

2. 设备安装

(1) 金属线槽、钢管及线缆的敷设应按规范的要求和国家标准《民用闭路监控电视系统工程技术规范》(GB 50198—2011)的规定实施。

(2) 视频安防监控系统的安装应符合下列规定。

① 监控中心内设备安装和线缆敷设应执行国家标准《民用闭路监视电视系统工程技术规范》(GB 50198—2011)的规定。

② 监控中心的强、弱电电缆的敷设间距应按国家标准《民用闭路监视电视系统工程技术规范》(GB 50198—2011)的规定进行，并应有明显的永久性标志。

③ 摄像机、云台和解码器的安装除应按国家标准《民用建筑电气设计规范》(JGJ 16—2008)规定外，还应符合下列规定。

a. 摄像机及镜头安装前应通电检测，工作应正常。

b. 确定摄像机的安装位置时应考虑设备自身安全，其视场不应被遮挡；架空线入云台时，滴水弯的弯度不应小于电(光)缆的最小弯曲半径。

c. 安装室外摄像机、解码器应采取防雨、防腐、防雷措施。

d. 光端机、编码器和设备箱的安装应符合下列规定。

光端机或编码器应安装在摄像机附近的设备箱内，设备箱应具有防尘、防水、防盗功能；视频编码器安装前应与前端摄像机连接测试，图像传输与数据通信正常后方可安装；设备箱内设备排列应整齐，走线应有标识和线路图。

(3) 入侵报警系统设备的安装应符合下列规定。

① 各类探测器的安装应根据所选产品的特性警戒范围要求和环境影响等，确定设备的安装点(位置和高度)。

② 周界入侵探测器的安装应能保证防区交叉，避免盲区，并应考虑使用环境的影响。

③ 探测器底座和支架应固定牢固。

④ 导线连接应牢固可靠，外接部分不得外露并留有适当余量。

⑤ 紧急报警按钮的安装位置应隐蔽，便于操作。

⑥ 探测器应安装牢固，探测范围内应无障碍物。

⑦ 室外探测器的安装位置应在干燥通风、不积水处，并应有防水、防潮措施。

⑧ 磁控开关宜装在门或窗内，安装应牢固、整齐美观。

⑨ 振动探测器安装位置应远离电机水泵和水箱等震动源。

⑩ 玻璃破碎探测器的安装位置应靠近保护目标。

⑪ 紧急按钮的安装位置应隐蔽、便于操作，应安装牢固。

⑫ 红外对射探测器安装时，接收端应避开太阳直射光并避开其他大功率灯光直射，按顺光方向安装。

(4) 出入口控制系统设备的安装应执行国家标准《出入口控制系统工程设计规范》(GB 50396—2007)的有关规定以及下列规定。

① 设备选型应符合防护对象的风险等级、防护级别、现场的实际情况、通行流量的要求；安全管理和设备的防护能力的要求；对管理/控制部分的控制能力，保密性的要求，信号传输条件的限制对传输方式的要求；出入目标的数量及出入口数量对系统容量的要求；与其他子系统集成的要求。

② 设备的设置应符合：识读装置的设置应便于目标的识读操作；采用非编码信号控制和/或驱动执行部分的管理与控制设备必须设置在该出入口的对应受控区、同级别受控区或高级别受控区内。

③ 识读设备的安装位置应避免强电磁辐射源、潮湿、有腐蚀性等恶劣环境。

④ 控制器、读卡器不应与大电流设备共用电源设备。

⑤ 控制器宜安装在弱电间等便于维护的地点。

⑥ 读卡器类设备完成后应加防护结构面，并应能防御破坏性攻击和技术开启。

⑦ 控制器与读卡机间的距离不宜大于 50m。

⑧ 配套锁具安装应牢固，启闭应灵活。

⑨ 红外光电装置应安装牢固，收、发装置应相互对准并应避免太阳光直射。

⑩ 信号灯控制系统安装时，警报灯与检测器的距离不应大于 15m。

⑪ 使用人脸、眼纹、指纹、掌纹等生物识别技术进行识读的出入口控制系统设备的安装应符合产品技术说明书的要求。

(5) 停车库(场)管理系统安装时除应按照行标(民用建筑电气设计规范)(JGJ 16—2008)14.6 节的规定外，还应满足下述要求。

① 系统供电设施应采用两路独立电源供电并在末端自动切换。

② 系统设备应进行分类，统筹考虑系统供电。

③ 根据设备分类配置相应的电源设备，系统监控中心和系统重要设备应配备相应的备用电源装置，系统前端设备视工程实际情况可由监控中心集中供电，也可由本地供电。

④ 主电源与备用电源应有足够容量，应根据入侵报警系统、视频监控系统、出入口(门禁一卡通)控制系统、停车场管理系统等的不同供电消耗、按总系统功率的 1.5 倍设置总电源容量，并根据管理工作对主电源断电后系统防范功能的要求，选择配置持续工作时间符合管理要求的备用电源。

⑤ 电源质量应满足：稳态电压偏移不大于±2%；稳态频率偏移不大于±0.2Hz；电压波形畸变率不大于 5%；允许断电持续时间为 0～4ms。不能满足上述要求时，应采用稳频稳压、不间断电源供电或备用发电等措施。

⑥ 安全防范系统的监控中心应设置专用配电箱，配电箱的配出回路应留有余量。

⑦ 摄像机等设备宜采用集中供电，当供电线(低压供电)与控制线盒用多芯线时，多芯线与视频线可一起敷设。

⑧ 建于山区、旷野的安全防范系统，或前端设备装于塔顶或电缆端高于附近建筑物的安全防范系统，应按国家标准《建筑物防雷设计规范》(GB 50057—2010)的要求设置避雷保护装置。

⑨ 建于建筑物内的安全防范系统，其防雷设计应采用等电位连接与共用接地系统的设计原则，并满足国家标准《建筑物电子信息系统防雷技术规范》(GB 50343—2012)的要求。

⑩ 安全防范系统的接地母线应采用铜质线，接地端子应有地线符号标记，接地电阻不得大于 4Ω，建造于野外的安全防范系统，其接地电阻不得大于 10Ω；在高山岩石的土壤电阻率大于 2000Ω·m 时，其接地电阻不得大于 20Ω。

⑪ 高风险防护对象安全防范系统的电源系统、信号传输线路、天线馈线以及进入监控室的架空电缆入室端均应采取防雷电感应过电压、过电流的保护措施。

⑫ 安全防范系统的电源线、信号线经过不同防雷区的界面处应安装电涌保护器，系统的重要设备应安装电涌保护器。电涌保护器接地端和防雷接地装置应做等电位连接，等电位连接带应采用铜质线。

⑬ 监控中心内应设置接地汇集环或汇集排，汇集环或汇集排宜采用裸铜线，其截面积应不小于 16 mm^2。

⑭ 不得在建筑物屋顶上敷设电缆，必须敷设时，应穿金属管进行屏蔽并接地。

⑮ 架空电缆吊线的两端和架空电缆线路中的金属管道应接地。

⑯ 光缆传输系统中，各光端机外壳应接地。光端加强芯架空光缆接续护套应接地。

⑰ 当接地电阻达不到要求时，应在接地极回填土中加入无腐蚀性长效降阻剂；当仍达不到要求时，应经过设计单位的同意，采取更换接地装置的措施。

⑱ 监控中心内接地汇集环或汇集排的安装应平整。

⑲ 对子系统的室外设备，应按设计文件要求进行防雷和接地施工，亦应符合国家相关规定的要求。

⑳ 其他规定，包括以下几方面。

a. 读卡机(IC 卡机、磁卡机、出票读卡机、验卡票机等)与挡车器的安装应平整、牢固，与水平面垂直，不得倾斜；读卡机与挡车器的中心间距应符合设计要求或产品使用要求；当安装在室外时，应考虑防水、防撞、防砸措施。

b. 感应线圈埋设位置与埋设深度应符合设计要求或产品使用要求；感应线圈至机箱处的线缆应采用金属管保护并固定牢固。

c. 感应线圈埋设位置应居中，与读卡器闸门机的中心间距宜为 0.9～1.2m。

d. 车位状况信号指示器应安装在车道出入口的明显位置，安装高度应为 2.0～2.4m，室外安装时应采取防水、防撞措施。车位引导显示器应安装在车道中央上方，便于识别与引导。

(6) 访客(可视)对讲系统安装应按《安全防范工程技术标准》(GB 50348—2018)中的规定进行。

(7) 电子巡查管理系统安装应按《安全防范工程技术标准》(GB 50348—2018)和行标《民用建筑电气设计规范》(JGJ 16—2008)的规定进行。

【案例 9-3】

安全防范系统是以维护社会公共安全为目的，运用安全防范产品和其他相关产品所构成的入侵报警系统、视频安防监控系统、出入口控制系统、防爆安全检查系统等；或由这些系统为子系统组合或集成的电子系统或网络。

结合本节内容，试分析在建筑弱电系统中的安全防范设施有哪些？

9.5 智能建筑施工图识读

9.5.1 智能建筑弱电工程概述

智能建筑弱电工程是建筑电气工程中的一个组成部分，在现代建筑(宾馆、商场、写字楼、办公室、科研楼及高级住宅)中普遍安装了较为完善的弱电设施，如火灾自动报警及联动控制装置、防盗报警装置、闭路电视监控系统、网络视频监控系统(包括无线网络视频监控系统)、电话、计算机网络综合布线系统、公用天线有线电视系统及广播音响系统等。

对智能建筑弱电系统工程的设计、安装与调试，要求相关的专业人员要熟练掌握弱电平面图、弱电系统图、弱电设备原理框图。

智能建筑弱电系统工程图与建筑电气工程图一样，形式多样，常见的有弱电平面图、弱电系统图和框图。

9.5.2 智能建筑弱电系统工程图与建筑电气工程图的关系

由于智能建筑弱电系统工程图是建筑电气工程图的一个组成部分，因此，首先应该掌握建筑电气工程图的识图、读图的要点。

建筑电气工程图的识图、读图特点主要有以下几项。

(1) 建筑电气工程图一般采用统一的图形符号，并加注文字符号进行标识与绘制，因此应该熟悉和了解这些统一的图形符号和标识文字的使用规律。

(2) 建筑电气工程图中的设备都是通过接入用电回路来工作的。回路包括电源、用电设备、导线和开关控制设备四个组成部分。

(3) 电气设备和组件是通过导线连接起来的，所以对于建筑电气工程图的识图、读图包括对电源、信号和监测控制线路的识读分析。

(4) 建筑电气工程施工是由主体工程和安装工程施工组成的，在进行建筑电气工程图的识图、读图时，应与有关土建工程图、管道工程图等对应起来阅读。

9.5.3 识读建筑弱电系统工程图

识读建筑弱电系统工程图时，要注重掌握不同子系统的读图、识图具体分析方法和读图、识图规律。

智能建筑弱电系统由楼宇自控系统、安防系统、消防报警联动控制系统、给排水及控制系统、网络通信系统等子系统组成。每个子系统的工程图都有自己的特点，如，网络通信系统的工程图与安防系统、消防报警联动控制系统等子系统的工程图有很大的不同，主要是由于系统的组成设备和组件不同、设备连接方式不同，表现在绘图方面，图形符号连接方式也不同。因此，对于建筑弱电系统的图纸识图和读图，就要注重掌握不同子系统的读图、识图的具体方法和读图、识图的规律。

对于建筑弱电系统各子系统，读图、识图基本的规律性主要体现在以下几点。

(1) 按照不同的子系统来读图、识图。由于建筑弱电系统是由许多子系统组成，具体分析识读工程图时，要将子系统作为单元来读图、识图。

(2) 每个子系统都由自身的一些设备电器组建，设备和组件的标准符号都有自己的特点。因此，阅读各子系统的基础之一就是熟悉各子系统的常用设备、组件的标准符号。

(3) 按照一般电气工程图读图、识图的一般规律和步骤进行。

9.5.4 对智能建筑子系统平面图的识读

1. 综合布线系统图纸的识读

1) 综合布线系统图的识读

综合布线系统图分析内容主要有以下几方面。

(1) 主配线架的配置情况。

(2) 建筑群干线线缆采用哪类线缆，干线线缆和水平线缆采用哪类线缆。

音频 综合布线平面图的识读分析.mp3

(3) 是否有二级交接间对干线线缆进行接续。

(4) 通过布线系统，使用交换机组织计算机网络的情况。

(5) 整个布线系统对数据的支持和对语音的支持情况，即指数据点和语音点的分布情况。

(6) 设备间的设置位置，以及设备间内的主要设备，包括主配线架和网络互联设备的情况。

(7) 布线系统中光纤和铜缆的使用情况。

2) 平面图的识读分析

综合布线平面图分析内容主要有以下几类。

(1) 水平线缆使用线缆种类及采用的敷设方式，如：两根四对对绞电缆穿 SC20 钢管暗敷在墙内或吊顶内。

(2) 每个工作区的服务面积，每个工作区设置信息插座数量，及数据点信息插座和语音点信息插座的分布情况。

(3) 由于用户的需求不同，对应就有不同的布线情况，如有无光纤到桌面，有无特殊的布线举措，大开间办公室内的信息插座既有壁装的也有地插式的等。

(4) 各楼层配线浆 FD 装设位置(楼层配线间或直接将楼层配线架 FD 装设于弱电竖井内)，各楼层所使用的信息插座是单孔、双孔或四孔等情况。

(5) 随着光网络技术的发展，综合布线系统和电信网络的配合是一个必须要考虑的问题，如：布线系统是采用 FTTB+LAN 方式，还是采用 FTTC 方式或 FTTH 方式等。

2. 有线电视平面图的识读

识读有线电视平面布置图时，注意掌握以下内容。

(1) 装置有线电视主要设备场所的位置及平面布置、前端设备规格型号、台数、电源柜和操作台规格型号及安装位置要求，交流电源进户方式、要求、线缆规格型号，天线引入位置及方式、天线数量。

(2) 信号引出回路数、线缆规格型号、电缆敷设方式及要求、走向。

(3) 各房间有线电视插座安装位置标高、安装方式、规格型号数量、线缆规格型号及走向、敷设方式。

(4) 在多层结构中，房间内有线电视插座的上下穿越敷设方式及线缆规格型号；有无中间放大器，其规格型号数量、安装方式及电源位置等。

(5) 如果提供自办节目频道时，应标注：演播厅、机房平面布置及其摄像设备的规格型号、电缆及电源位置等。

(6) 设置室外屋顶天线时，说明天线规格型号、数量、安装方式、信号电缆引下及引入方式、引入位置、电缆规格型号、天线电源引上方式及其规格和型号，天线安装要求(方向、仰角、电平等)。

3. 对安全防范系统平面图的阅读

安全防范系统的平面图阅读时，注意掌握以下内容。

(1) 保安中心(机房)平面布置及位置、监视器、电源柜及 UPS 柜、模拟信号盘、通信总柜、操作柜等机柜室内安装排列位置、台数、规格型号、安装要求及方式。

(2) 各类信号线、控制线的引入及引出方式、根数、线缆规格型号、敷设方法、电缆沟、桥架及竖井位置、线缆敷设要求。

(3) 所有监控点摄像头的安装及隐蔽方式、线缆规格型号、根数、敷设方法要求，管路或线槽安装方式及走向。

(4) 所有安防系统中的探测器，如红外幕帘、红外对射主动式报警器、窗户破碎报警器、移动入侵探测器等的安装及隐蔽方式、线缆规格型号、根数、敷设方法要求，管路或线槽安装方式及走向。

(5) 门禁系统中电动门锁的控制盘、摄像头、安装方式及要求，管线敷设方法及要求、走向，终端监视器及电话安装位置和方法。

(6) 将平面图和系统图对照，核对回路编号、数量、元件编号。

(7) 核对以上的设备组件的安装位置标高。

9.6 智能建筑弱电系统施工工艺

智能建筑属于电气安装工程的一部分，也是整个建筑工程项目的一个重要组成部分，与其他施工项目必然发生多方面的联系，尤其和土建施工的关系最为密切，如：电源的进户，明暗管道的敷设，防雷和接地装置的安装，配电箱(屏、柜)的固定等，都要在土建施工中预埋构件和预留孔洞。随着现代化设计和施工技术的发展，许多新结构、新工艺的推广应用，施工中的协调配合就愈加显得重要。

9.6.1 施工前的准备工作

在工程项目的设计阶段，由设计人员对土建设计提出技术要求，例如弱电设备和线路的固定件预埋，这些要求应在土建结构施工图中得到反映。土建施工前，弱电安装人员应会同土建施工技术人员共同审核土建和弱电施工图纸，以防遗漏和发生差错，工人应看懂土建施工图纸，了解土建施工进度计划和施工方法，尤其是梁、柱、地面、屋面的做法和相互间的连接方式，并仔细地校核自己准备采用的安装方法能否和这一项目的土建施工相适应。施工前，还必须加工制作和备齐土建施工阶段中的预埋件、预埋管道和零配件。

9.6.2 基础阶段

在基础工程施工时，应及时配合土建做好弱电专业的进户电缆穿墙管及止水挡板的预留预埋工作。这一方面要求弱电专业应赶在土建做墙体防水处理之前完成避免弱电施工破坏防水层造成墙体今后渗漏；另外一方面要求格外注意预留的轴线，标高、位置、尺寸、数量用材规格等方面是否符合图纸要求。进户电缆穿墙管和预留预埋是不允许返工修理的，返工后土建二次做防水处理很困难也容易产生渗漏。按惯例，尺寸大于300mm 的孔洞一般在土建图纸上标明，由土建负责留，这时安装工长应主动与土建工长联系，并核对图纸，保证土建施工时不会遗漏。配合土建施工进度，及时做好尺寸小于300mm、土建施工图纸上未标明的预留孔洞及需在底板和基础垫层内暗配的管线及稳盒的施工。对需要预埋的铁件、吊卡、木砖、吊杆基础螺栓及配电柜基础型钢等预埋件，施工人员应配合土建，提前

做好准备，土建施工到位就及时埋入，不得遗漏。根据图纸要求，做好基础底板中的接地措施，如需利用基础主筋作接地装置时，要将选定的柱子内的主筋在基础根部散开与底筋焊接，并做好色标记，引上留出测接地电阻的干线及测试点，比如，还需人工砸接地极时，在条件许可的情况下，尽量利用土建开挖基础沟槽时，把接地极和接地干线做好。

9.6.3　结构阶段

根据土建浇铸混凝土的进度要求及流水作业的顺序，逐层逐段地做好电管暗敷工作，这是整个弱电安装工程的关键工序，做不好不仅影响土建施工进度与质量，而且也影响整个安装工程后续工序的质量与进度，应引起足够的重视。这个阶段也是通常所说的一次预埋：在底层钢筋绑扎完后，上层钢筋(面筋)未绑扎前，将须预埋的管、盒、孔等绑扎好，做好盒、管的防堵工作，注意不要踩坏钢筋。土建浇注混凝土时，应留人看守，以免振捣时损坏配管或使得底盒移位。遇有管路损坏时，及时修复。对于土建结构图上已标明的预埋件如电梯井道内的轨道支架预埋铁等以及尺寸大于 300mm 的预留孔洞应由土建负责施工，但工长要随时检查以防遗漏。对于要求专业自己施工的预留孔洞及预埋的铁件、吊卡吊杆、木砖、木箱盒等，施工人员应配合土建施工，提前做好准备，土建施工一到位就及时埋设到位。配合土建结构施工进度，及时做好各层的防雷引下线焊接工作，如利用柱子主筋作防雷引下线应按图纸要求将各处主筋的两根钢筋用红漆做好标记。继续在每层对该柱子的主筋的绑扎接头按工艺要求做焊接处理，一直到高层的顶端，再用 φ12 镀锌圆钢与柱子主筋焊接引出女儿墙与屋面防雷网连接。

9.6.4　装修阶段

在土建工程砌筑隔断墙之前应与土建工长和放线员将水平线及隔墙线核实一遍。然后配合土建施工，砌筑隔断墙时，将一次预埋时防堵的密封条等拆开，接续管、盒到指定标高。在土建抹灰之前，施工人员应按内墙上弹出的水平(50 线)、墙面线(冲筋)将所有的预留孔洞按设计和规范的要求查对核实一遍，符合要求后将箱、盒稳固好。将全部暗配管路也检查一遍，然后扫通管路，穿上带线，堵好管盒。抹灰时，配合土建做好接线箱的贴门脸及箱盒的收口，箱盒处抹灰收口应光滑平整，不允许留大敞口。做好防雷的均压线与金属门窗、玻璃幕墙铝框架的接地连接。配合土建安装轻质隔板与外墙保温板，在隔墙板与保温板内接管与稳盒时，应使用开口锯，尽量不开横向长距离槽口，而且应保证开槽尺寸准确、合适。施工人员应积极主动和土建人员联系，等待喷浆或涂料刷完后进行照明器具安装；安装时，弱电施工人员一定要保护好土建成品，防止墙面被弄脏碰坏。当弱电器具安装完毕后，土建修补喷浆或墙面时，一定要保护好弱电器具，防止污染。

一个建筑物的施工质量与内装修和墙面工程有很大关系，内线安装的全面施工应在墙面装饰完成后进行，但一切可能损害装饰层的工作都必须在墙面工程施工前完成。因此，必须事先仔细核对土建施工中的预埋配合、预留工作有无遗漏、暗配管路有无堵塞，以便进行必要的补救工作。如果墙面工程结束后再凿孔打洞，则会留下不易弥补的痕迹。工程施工实践表明，建筑设备安装工程中的施工配合是十分重要的，要做好配合工作，弱电施工人员要有丰富的实践经验和对整个工程的深入了解，并且在施工中要有高度的责任心。

　　智能建筑在施工前期都要进行预埋、预设工作，其中用到的主要预埋材料有：金属线槽、金属软管、金属底盒、薄壁钢管、塑料线槽、塑料软管、塑料底盒、电线管、半硬塑管、波纹管、硬塑料管等。

　　施工阶段严把材料质量关，严格按照设计施工，严格工程资料建设管理，特别是系统安装完毕后，安装单位要提交下列资料和文件；变更完成实际施工的施工图；材料相关证件及报验记录；安装技术记录；检验记录；测试记录；安装竣工报告。

 **本章小结**

　　本章从智能建筑工程的概念出发，介绍了智能建筑的组成和智能建筑的总体要求，并从中选取相对重要的综合布线系统、有线电视系统、安全防范系统进行了介绍，并讲解了这三种系统的概念、组成以及施工工艺。这些内容的学习帮助学生进一步地了解智能建筑的相关知识。

实训练习

一、单项选择

1. 智能楼宇的3A指的是：(　　)。
　　A. CAS；BAS；SAS　　　　　　　　　　B. OAS；SAS；CAS
　　C. CAS；BAS；OAS　　　　　　　　　　D. SAS；OAS；BAS

2. 楼宇自动化按其自动化程度可分为：(　　)。
　　A. 消防自动化；广播系统自动化；环境控制系统自动化
　　B. 电力供应系统监测自动化；照明系统控制自动化；能源管理自动化
　　C. 单机自动化；分系统自动化；综合自动化
　　D. 设备控制自动化；设备管理自动化；防灾自动化

3. 数字传输也称(　　)。
　　A. 基带传输　　　　B. 宽带传输　　　　C. 信号传输　　　　D. 窄带传输

4. 计算机网络的拓扑结构分为(　　)。
　　A. 树型；星型；干线型；环型　　　　B. 星型；总线型；环型；树型
　　C. 总线型；干线型；树型　　　　　　D. 总线型；树型；环型；干线型

5. 在综合布线中，一个独立的需要设置终端设备的区域称为一个(　　)。
　　A. 管理间　　　　　B. 设备间　　　　　C. 总线间　　　　　D. 工作区

6. 建筑智能化系统不包含(　　)。
　　A. BA　　　　　　　B. CA　　　　　　　C. OA　　　　　　　D. GA

二、填空题

1. 综合布线系统可分为(　　)子系统、(　　)子系统、(　　)子系统、(　　)子系统、(　　)

子系统、(　　)子系统、进线间子系统、

2. 综合布线系统使用三种标记:(　　)标记、区域标记和接插件标记。其中接插件标记最常用,可分为:(　　)标识或(　　)标识两种,供选择使用。

3. 垂直干线子系统为提高传输速率,一般选用(　　)为传输介质。

4. 有线电视系统中,干线传输按照传输介质来分,有(　　)、(　　)、(　　)三种形式。

5. 有线电视系统主要由(　　)、(　　)、(　　)、(　　)等四部分组成。

三、简答题

1. 简述智能建筑工程的建设目标。

2. 综合布线与传统布线相比,有哪些优势?

3. 有线电视系统是由哪些部分组成的?

4. 简述安全防范系统的构成。

5. 简述智能建筑弱电系统施工前需要哪些准备?

第 9 章习题答案.doc

实训工作单

班级		姓名		日期	
教学项目	智能建筑弱电系统				
任务	掌握智能建筑弱电系统的组成		实验项目	参观已完工程的智能弱电系统	
相关知识	智能建筑弱电系统基本知识				
其他项目					

现场参观过程记录

评语				指导老师	

参 考 文 献

[1] 杨光臣. 建筑电气工程图识读与绘制[M]. 北京：中国建筑工业出版社，2001.

[2] 王子茹. 房屋建筑设备识图[M]. 北京：中国建材工业出版社，2002.

[3] 徐第，孙俊英. 建筑弱电工程安装技术[M]. 北京：金盾出版社，2002.

[4] 韩宁，陆宏琦. 建筑弱电工程及施工[M]. 北京：中国电力出版社，2003.

[5] 朱栋华. 建筑电气工程图识图方法与实例[M]. 北京：中国水利水电出版社，2005.

[6] 吴成东. 怎样阅读建筑电气工程图[M]. 北京：中国建材工业出版社，2000.

[7] 柳涌. 建筑安装工程施工图集 6(弱电工程)[M]. 北京：中国建筑工业出版社，2002.

[8] 朱林根. 21 世纪建筑电气设计手册[M]. 北京：中国建筑工业出版社，2001.

[9] 何利民，尹全英. 怎样阅读电气工程图[M]. 北京：中国建筑工业出版社，2005.

[10] 孙成群. 建筑工程设计编制深度实例范本建筑电气[M]. 北京：中国建筑工业出版社，2004.

[11] 赵承获. 电工技术[M]. 北京：高等教育出版社，2001.

[12] 付保川，斑建发等. 智能建筑计算机网络[M]. 北京：人民邮电出版社，2004.

[13] 刘国林等. 综合布线[M]. 北京：机械工业出版社，2004.

[14] 北京照明学会设计委员会组织. 建筑电气设计实例图册 1[M]. 北京：中国建筑工业出版社，1998.

[15] 谢社初. 建筑智能技术[M]. 北京：中国建筑工业出版社，2003.

[16] 秦兆海，周鑫华. 智能楼宇安全防范系统[M]. 北京：清华大学出版社，北京交通大学出版社，2005.

[17] 赵英然. 智能建筑火灾自动报警系统设计与实施[M]. 北京：知识产权出版社，2005.

[18] 刘军明. 弱电系统集成[M]. 北京：科学出版社，2005.

[19] 程双. 安全防范技术基础[M]. 北京：电子工业出版社，2006.

[20] 岳经伟. 综合布线技术与施工[M]. 北京：中国水利水电出版社，2005.

[21] 杨光臣. 建筑电气工程识图、工艺、预算[M]. 北京：中国建筑工业出版社，2006.

[22] 黎连业，王超成，苏畅. 智能建筑弱电工程设计与实施[M]. 北京：中国电力出版社，2006.